robbe
Modellsport

Big Boss Buggy • Nr. 2042RTR • Maßstab 1:8 • 3,5 cm³ • mit 2,4 GHz System

robbe.com

Inhalt

Einleitung

Ein schlecht fahrendes Fahrzeug kann einem schnell den Spaß vermiesen oder auch ein Rennen zum echten Debakel werden lassen, wenn es im Wettbewerbsstress mal wieder nicht gelingt, das Auto entsprechend abzustimmen.

Nicht nur im richtigen Motorsport von Bedeutung: Ein fähiger Mechaniker, der dem Auto die richtige Abstimmung verpasst

Hier setzt das Setup-Workbook an. Mit dem vermittelten Wissen wird es interessierten Fahrern möglich sein, die größten Probleme aus dem Weg zu räumen und das Fahrzeug auf ihre Bedürfnisse einzustellen. An dieser Stelle noch ein kurzer Hinweis: Es kann natürlich vorkommen, dass ein Auto nicht in der hier beschriebenen Art und Weise auf eine Abstimmungsänderung reagiert. Dann sollten Sie sich einfach ein bisschen Zeit nehmen und verschiedene Abstimmungsvarianten ausprobieren, bis der gewünschte Effekt erzielt wird. Auch ist es ratsam, sich ein kleines Heft oder Buch anzulegen, in dem die Änderungen dokumentiert werden. Sie werden so für neue Aufgabenstellungen schneller ein Setup finden, da gegebenenfalls eine „alte“ Einstellung zu den aktuell gegebenen Streckenbedingungen passt.

Anlenkungspunkte der oberen Querlenker

Grundvoraussetzung für die Abstimmung mit Hilfe der oberen Querlenker ist, dass Ihr Fahrzeug über die Möglichkeit verfügt, deren Position überhaupt zu verändern. Sollte dies nicht der Fall sein, ist es kein Beinbruch, denn in der Regel sind die Spurstangen (obere Querlenker) dann so angebracht, dass sie den Reifen mit der maximalen Auflagefläche abrollen lassen. Gehen wir also davon aus, dass das Chassis verschiedene Möglichkeiten zur Montage der Spurstangen zulässt. Nun gibt es unterschiedliche Varianten, den Griff der Achse zu beeinflussen. Sie können zum einen die Länge des oberen Querlenkers verändern. Ein Verkürzen der Spurstange (die Anlenkpunkte liegen dichter beisammen) bewirkt eine größere Sturzzunahme beim Einfedern, auf rutschigen Untergründen kann so der Griff der Achse erhöht werden. Gleiches bewirkt eine Montage zum Querlenker hin (bei Befestigungslöchern an der Dämpferbrücke), beziehungsweise wenn die Spurstange am Radträger weiter oben angelenkt wird. Die Verkürzung beziehungsweise steilere Montage bewirkt also eine stärkere Sturzzunahme und damit in der Regel mehr Haftung.

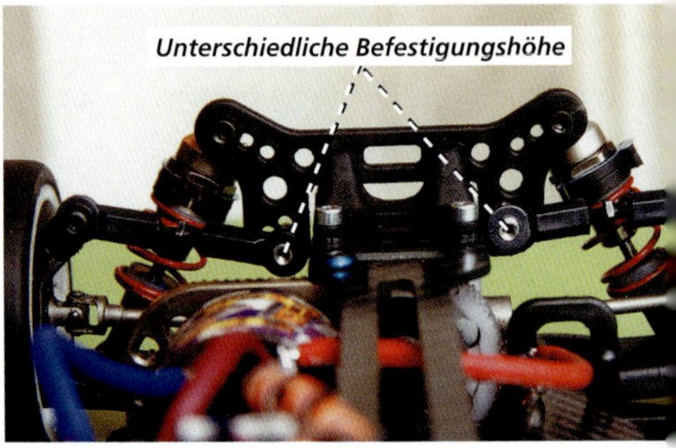

Der linke obere Querlenker ist in einer anderen Bohrung befestigt als der rechte. Die Veränderung des Winkels zum Rad bewirkt beim Einfedern (links) eine größere Sturzzunahme

Verlängert man dagegen die oberen Querlenker oder bringt sie waagerechter am Chassis an, fällt die Sturzveränderung geringer aus. Die Achse entwickelt weniger Haftung. In Ausnahmefällen kann es jedoch sinnvoll sein, das Auto mit einer geringeren Sturzveränderung auszustatten, um die Griffigkeit einer Achse zu erhöhen. Dies kommt vor allem auf Strecken mit hoher Haftung zum Tragen. Längere beziehungsweise waagerechtere Spurstangen vermindern die Seitenneigung des Fahrzeugs und geben so mehr Haftung.

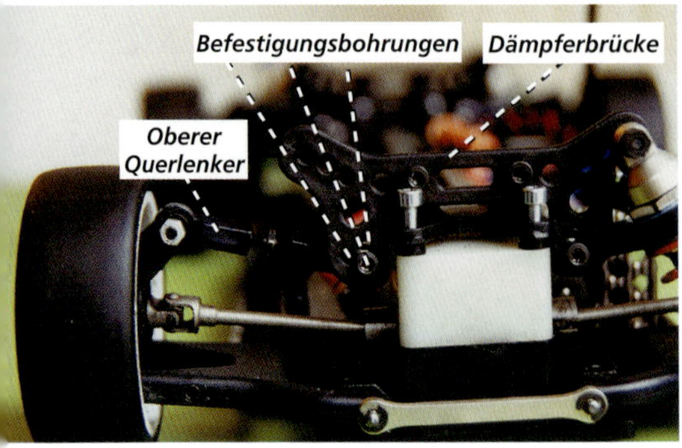

Die Dämpferbrücke bietet mehrere Befestigungsmöglichkeiten für den oberen Querlenker

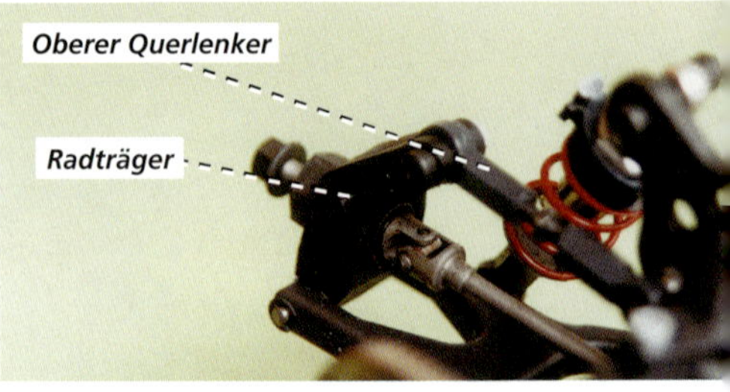

An diesem Radträger gibt es keine alternativen Anlenkungspunkte für den oberen Querlenker. Veränderungen können also ausschließlich an der Dämpferbrücke vorgenommen werden

Bodenfreiheit

Die Einstellung der Bodenfreiheit ist an eigentlich allen Fahrzeugen mit wenig Aufwand zu bewältigen. Üblich sind entweder so genannte Spacer, die auf das Dämpfergehäuse geklipst werden oder geschraubte Federzentrierer, die eine stufenlose Einstellung zulassen. Hierzu kurz noch eine Anmerkung vorweg: Mit der Federvorspannung wird die Härte der Federung auch entgegen anders lautenden Gerüchten nicht verändert.

Die unterschiedlich dicken Spacer zur Einstellung der Bodenfreiheit werden am oberen Teil des Dämpfergehäuses eingeklipst

Auch mit Hilfe der Bodenfreiheit lässt sich der Griff des Fahrzeugs beeinflussen. Tendenziell kann man sagen, dass eine größere Bodenfreiheit mehr und eine geringere weniger Haftung erzeugt. Doch auch hier gibt es wieder Ausnahmen. Auf griffigen Untergründen bewirkt eine geringere Chassishöhe, dass Kurven mit höherer Geschwindigkeit durchfahren werden können, da der Schwerpunkt niedriger liegt.

Auf rutschigen Fahrbahnen sollte man die Bodenfreiheit erhöhen. Die Aufhängung und im Besonderen die Dämpfer können dann ihren gesamten Federweg ausnutzen, was sich positiv auf die Haftung auswirkt. Wenn eine Achse zu wenig Grip aufbaut, kann eine größere Bodenfreiheit also die Haftung verbessern. Neigt das Auto dagegen zum Überschlagen, sollte eine Verringerung der Fahrzeughöhe in Betracht gezogen werden.

Ein zusätzlicher Spacer vergrößert die Bodenfreiheit

Die untergelegte Balsaplatte ist ein nützliches Hilfsmittel zur Bestimmung der Bodenfreiheit, die sich mit Hilfe unterschiedlicher Distanzstücke an den Dämpfern einstellen lässt. Man nennt diese Distanzstücke auch Spacer

Chassishärte

Diese ist bei den meisten auf dem Markt erhältlichen Fahrzeugen konstruktiv vorgegeben und lässt sich nur mit etwas (mehr) Aufwand verändern. Allerdings hat sie einen nicht zu unterschätzenden Einfluss auf das Fahrverhalten des Autos. Dabei gelten zwei Grundregeln. Je weicher ein Chassis ist, desto einfacher ist das Fahrzeug abzustimmen, da das Chassis sich in einem größeren Bereich verwinden und so eine (falsche) Abstimmung kompensieren kann. Dieser für Einsteiger vorteilhafte Umstand wird allerdings mit einer etwas schlechteren Reaktion auf Abstimmungsveränderungen und einem unpräziseren Fahrverhalten erkauft. Jedoch soll auch nicht verschwiegen werden, dass ein weicheres Chassis auf unebenen Strecken tendenziell besser ist, da es weniger empfindlich auf Unebenheiten in der Fahrbahn reagiert.

Fahrzeuge mit Wannenchassis lassen eine Einstellung der Chassishärte nur in eingeschränktem Maße zu

Ein härteres Auto ist dagegen etwas schwieriger abzustimmen, da eine falsche Wahl von Federn- oder Dämpferhärte nur unzureichend vom Chassis aufgefangen wird und sich Fehler bei der Abstimmung direkt in einem schlechten Handling niederschlagen. Hat man aber ein passendes Dämpfer-/Federn-Setup gefunden, ist ein „hartes" Fahrzeug schneller und präziser zu bewegen. Im Umkehrschluss gilt allerdings: Nur auf ebenen Strecken kommt der Vorteil eines harten Chassis zum Tragen.

Die Härte lässt sich am einfachsten mithilfe einiger Pfosten erreichen, die die eigentliche Chassis(grund)platte mit der Radioplatte verspannen. Je mehr Pfosten eingesetzt werden, desto härter wird das Chassis. Gerade im Elektro-Tourenwagen-Bereich setzt sich allerdings immer öfter eine andere Methode durch. Hier wird versucht, die Chassishärte durch unterschiedliche Materialien zu beeinflussen. Glasfaserkunststoff, sei es nun in Platten-Form oder als Verbund(Spritzguss)-Material, ist in der Regel weicher als Bauteile aus kohlefaserverstärktem Kunststoff. Gerade bei den Tourenwagen geht der Trend wieder in Richtung Wannenchassis, die allerdings eine Anpassung der Härte in der Regel nur über einschneidendere Maßnahmen wie das Entfernen von Chassis-Versteifungen erlauben. Diese sind dann allerdings meist endgültiger Natur und lassen sich nur durch den Kauf eines neuen Chassis beheben. Fahrer von Fahrzeugen mit Plattenchassis sind hier klar im Vorteil. (Selbstgedrehte) Alu-Pfosten lassen sich, sofern das Fahrzeug-Layout es zulässt, beliebig oft ein- und ausbauen.

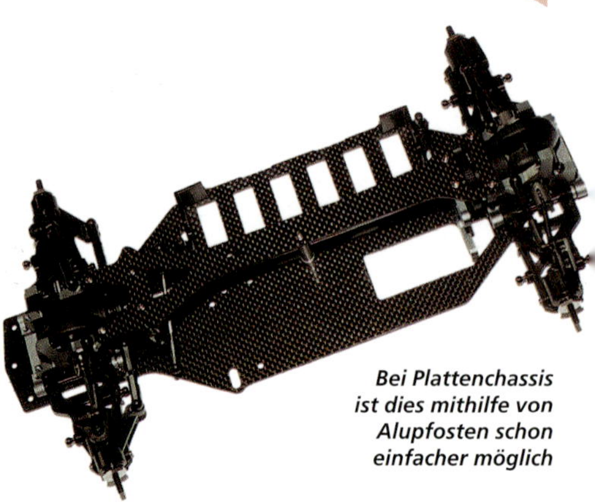
Bei Plattenchassis ist dies mithilfe von Alupfosten schon einfacher möglich

Differenziale

Es dürfte interessant sein, wie sich das Fahrverhalten des Fahrzeugs in Abhängigkeit von der gewählten Einstellung verändert. Das gängige Standard-Layout für allradgetriebene Fahrzeuge sieht je ein Differenzial pro Achse vor. Im 1:8-Offroad-Sport wird oftmals zusätzlich noch ein so genanntes Mitteldifferenzial eingesetzt, das für den Drehzahlausgleich zwischen Vorder- und Hinterachse sorgt.

Das Kugeldifferenzial eines Team Associated TC3 – es lässt sich einfach von außen einstellen

Ganz generell gesprochen sorgt ein stärker gesperrtes Differenzial für ein stabileres Fahrverhalten, da der Drehzahlausgleich zwischen den Rädern erschwert wird. Das Fahrzeug wird etwas kurvenunwilliger, da sich das kurveninnere Rad mit nahezu gleicher Geschwindigkeit bewegt wie das kurvenäußere – ein Untersteuern stellt sich ein. Des Weiteren muss durch die stabilere Selbstabbremsung beim Einlenken nicht so stark vor der Kurve verzögert werden. Die eingelenkten Vorderräder bremsen das Fahrzeug ab. Im Gegenzug sorgt ein weniger stark gesperrtes Diff für ein agileres Einlenken. Der Drehzahlausgleich vollzieht sich einfacher, das Auto lenkt williger in die Kurve ein.

Aber nicht nur beim Einlenken machen sich Unterschiede in der Einstellung bemerkbar. Auch beim Herausbeschleunigen lässt sich das Fahrverhalten einfach (je nach Differenzialtyp) und wirkungsvoll beeinflussen. Eine stärkere Sperrwirkung an der Vorderachse verbessert erheblich die Traktion, da die Antriebskräfte gleichmäßiger auf beide Räder übertragen werden. Ist die Abstimmung des Diffs zu weich, kommt es im Extremfall zu einem einseitigen Kraftschluss – eines der Räder dreht sich in die entgegengesetzte Richtung und der Vortrieb geht verloren. An der Hinterachse sorgt ein stärker sperrendes Diff gleichwohl wie vorne für mehr Traktion beim Beschleunigen, allerdings ist diese härtere Einstellung wiederum mit einer stärkeren Neigung zum Untersteuern verbunden, da die Hinterachse nun in erhöhtem Maße „schiebt".

In der Praxis ergibt sich daraus, dass ein zum Untersteuern neigendes Fahrzeug tendenziell mit weniger stark sperrenden Differenzialen gefahren werden sollte, ein übersteuerndes Auto hingegen lässt sich mit einem härter eingestellten vorderen Differenzial ein wenig besänftigen.

Die Abstimmung der Sperrwirkung kann sowohl bei Kugel- als auch Kegelraddifferenzialen einfach über das verwendete Fett oder die eingebrachte Menge verändert werden – mehr oder härteres Fett sorgt für eine stärkere Sperrwirkung. Bei Kugeldiffs kann zudem durch ein stärkeres Zusammenpressen der Differenzialhälften eine stärkere Sperrwirkung hervorgerufen werden. Dies ist in der Regel von außen und ohne die Differenziale entnehmen oder zerlegen zu müssen möglich.

Auch Kegelraddifferenziale können zur Fahrzeugabstimmung herangezogen werden

Ein- und Ausfederweg

Die Einstellung der Ein- und Ausfederwege an RC-Car-Modellen ist eine recht effiziente Möglichkeit, das Fahrverhalten zu beeinflussen. Viele Tourenwagen aus dem Elektro- oder Verbrennerbereich verfügen schon von Haus aus über die Möglichkeit, den Ausfederweg zu justieren. Dasselbe gilt für viele Fahrzeuge aus dem 1:8-Offroad-Sport. Mithilfe des Federwegs kann das Fahrzeug recht schell an unterschiedliche Fahrbahnverhältnisse angepasst werden, ohne anderweitig das Setup in weit reichendem Maße verändern zu müssen.

Eine Grundvoraussetzung für die korrekte Einstellung des Werts ist übrigens, dass das Fahrzeug einen negativen Federweg aufweist. Negativer Federweg bedeutet, dass das Chassis im fahrfertigen Zustand nicht nur ein-, sondern auch noch weiter ausfedern kann. Ist dieses nicht möglich, so sollte die Bodenfreiheit durch Herausnehmen von Spacern am Dämpfer verringert oder der Stoßdämpfer beziehungsweise dessen Kolbenstange verlängert werden.

In der praktischen Anwendung wird der Ausfederweg bei sehr griffigen Strecken wie zum Beispiel Teppichboden begrenzt, um eine zu starke Chassisneigung in Kurven zu unterbinden. Tendiert das

In die Querlenker integrierter Ausfederwegsbegrenzer in Form einer Madenschraube. Die Einstellung kann schnell mittels eines geeigneten Inbusschlüssels erfolgen

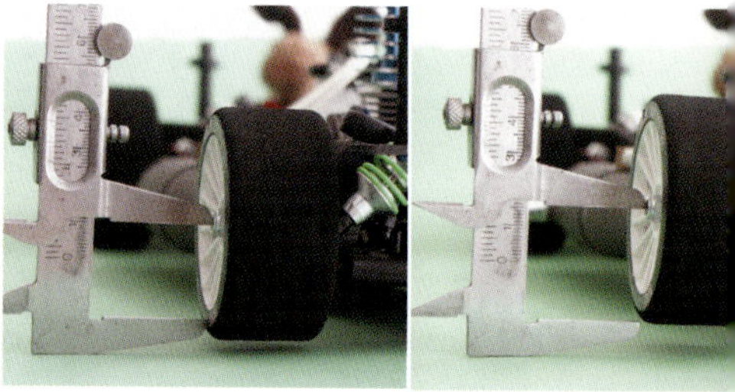

Die Wahl des korrekten Ausfederwegs hängt stark von den Streckenverhältnissen ab. Mehr Federweg bedeutet in vielen Fällen auch mehr Griff

Auto in Kurven zum Kippen, sollte der Ausfederweg der Vorderachse auf etwa 7 bis 8 Millimeter verkleinert werden. Die Haftung der Achse wird durch diese Maßnahme verringert und das Fahrzeug kann schneller durch die Kurve bewegt werden. Anders sieht es aus, wenn zum Beispiel auf einer rutschigen (Außen-)Strecke die Haftung eher mäßig ist. Mit Hilfe des Ausfederwegs kann mehr Haftung generiert werden. Baut das Fahrzeug zu wenig Griff auf, lässt sich durch die schrittweise Erhöhung des Federwegs die Haftfähigkeit der jeweiligen Achse erhöhen. Es sollte aber darauf geachtet werden, dass das Chassis nicht zu weit ausfedern kann, da bei starken Lastwechseln, wie sie zum Beispiel in Schikanen auftreten, das Fahrzeug aufschaukeln und die Haftung verlieren könnte.

Als Grundregel kann man festhalten, dass mehr Ausfederweg auch gleichzeitig mehr Griff bedeutet. Natürlich nur bis zu einem gewissen Maß, dann nämlich, wenn sich das Auto durch einen zu großen Ausfederweg sehr stark aufzuschaukeln beginnt. Hier muss ein guter Mittelweg gefunden werden. Ein Tourenwagen-Chassis im Maßstab 1:10 sollte an der Vorderachse in komplett ausgefedertem Zustand etwa 10 Millimeter Bodenfreiheit aufweisen, an der Hinterachse etwa 12 Millimeter. Bei Offroad-Modellen können diese Werte auch deutlich darüber liegen – je nach Fahrbahnbeschaffenheit. In jedem Fall ist aber auf entsprechenden negativen Federweg zu achten.

Federn

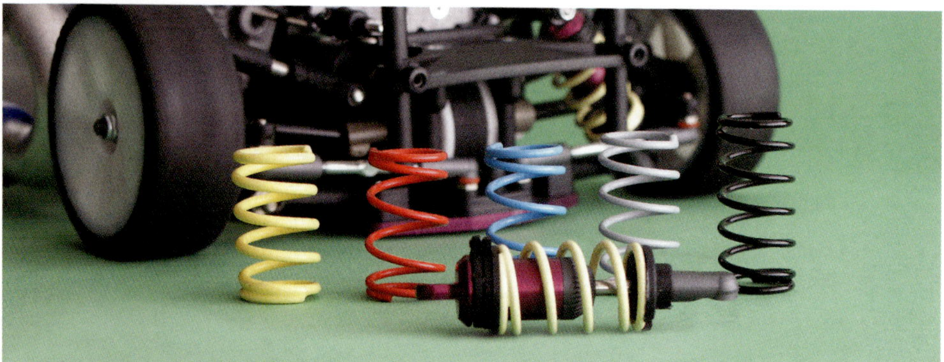

Federn unterschiedlicher Härte sind unerlässlich für die Abstimmungsarbeit

Die Abstimmung der Federung/Dämpfung an einem RC-Car hat sehr großen Einfluss auf das Fahrverhalten. Das bedeutet, dass ein falsch oder schlecht eingestellter Dämpfer auch das beste Fahrzeug nicht richtig funktionieren lässt. Hilfreich in diesem Zusammenhang ist eine Grundausstattung bestehend aus Federn und Stoßdämpferölen unterschiedlichen Härtegrads. Offroad-Modelle verlangen nach Ölen in einem Viskositätsbereich von etwa 10 bis 50 WT, Tourenwagenfahrer sollten sich mit 40 bis 100 WT-Öl eindecken. Die für das eigene Fahrzeug passenden Federn werden heute oft schon in kompletten Sets verkauft, was die Beschaffung natürlich sehr erleichtert und den angenehmen Nebeneffekt hat, dass bereits alle sinnvollen Härten beiliegen.

In der Regel werden RC-Cars an der Vorder- und Hinterachse unterschiedlich hart abgestimmt – vorne härter, hinten weicher. Das betrifft sowohl die Dämpfung als auch die Federung. Das Fahrzeug neigt mit dieser Einstellung etwas zum Untersteuern und ist einfacher zu fahren. In der Praxis wirken sich Veränderungen an den Federn/Stoßdämpfern dahingehend aus, dass eine härte Feder/ein härteres Öl den Griff an der entsprechenden Achse verringert. Neigt das Auto zum Untersteuern, kann es mit einer weicheren Abstimmung an der Vorderachse neutraler eingestellt werden. Entsprechend können Übersteuer-Tendenzen mit einem weicheren Setup der Hinterachse korrigiert werden. Allerdings sollte ein RC-Car nie so weich eingestellt werden, dass es zu unkontrolliertem Aufschaukeln oder Durchschlagen neigt. Eventuell helfen hier Stabilisatoren an der entsprechenden Achse. Einen kleinen Sonderfall gibt es noch an der Hinterachse zu beachten. Eine zu weiche Abstimmung kann ebenso wie eine zu harte zum Übersteuern führen. Rutscht das Heck des Fahrzeugs am Kurvenausgang schlagartig weg und knickt dabei stark ein, so sollten die Dämpfer auf jeden Fall mit härterem Öl, vielleicht sogar mit härteren Federn ausgestattet werden.

Ob die Wahl der Feder/des Öls die richtige ist, kann recht schnell festgestellt werden. Wird das fahrfertig aufgerüstete Chassis heruntergedrückt, so sollte es nie ruckartig ausfedern. Andernfalls ist das gewählte Öl zu weich beziehungsweise die Feder zu hart. Ein derartig abgestimmtes Fahrzeug wird über Unebenheiten zum Springen neigen und die Haftung verlieren.

Die richtige Abstimmung der Federung/Dämpfung erfordert in jedem Fall einige Erfahrung und kann sich auch von Fahrzeug zu Fahrzeug und vor allem von Strecke zu Stecke mehr oder weniger stark unterscheiden. Eine Universallösung gibt es nicht, hier ist Experimentieren angesagt. Aber das macht unser Hobby ja gerade so spannend.

Nachlaufwinkel

Bei der Betrachtung des Nachlaufwinkels müssen Onroad- und Offroad-Fahrzeuge klar voneinander getrennt werden, da der Einfluss auf das Fahrverhalten bei beiden Typen sehr unterschiedlich ist. Generell versteht man unter Nachlauf das Anstellen der vorderen Querlenker beziehungsweise das Kippen der Lenkhebelhalter, was beim Einlenken in Kurven eine Vergrößerung des Radsturzes bewirkt und somit das Fahrverhalten beeinflussen kann.

Die Onroader

Tendenziell benötigen Onroad-Fahrzeuge einen kleineren Nachlaufwinkel (0 bis 15 Grad) als Offroad-Fahrzeuge (15 bis 30 Grad). Dies hängt mit der geringeren Bodenfreiheit und somit Seitenneigung in Kurven im Vergleich zu den Offroadern zusammen. Ganz allgemein kann man sagen, dass der Nachlaufwinkel die maximale Auflagefläche des kurvenäußeren Rads sicherstellen soll. Außerdem kann über den Nachlaufwinkel das Fahrverhalten in den verschiedenen Bereichen der Kurve – also Eingang, Scheitelpunkt und Ausgang – beeinflusst werden.

Ein kleiner Nachlaufwinkel sorgt am Onroad-Modell für ein sehr aggressives Einlenkverhalten, im Scheitelpunkt und am Kurvenausgang jedoch für ein stärkeres Untersteuern, also Schieben über die Vorderachse. Dieses ist in der relativ großen Auflagefläche des Reifens bei geringem Lenkeinschlag und relativ kleiner Auflagefläche bei großem Lenkeinschlag begründet. Die Reifenflanke kippt quasi nach außen.

Ein großer Nachlaufwinkel bewirkt im Gegenzug ein relativ gutmütiges Einlenkverhalten, das im Scheitelpunkt immer direkter und aggressiver wird. Im Detail betrachtet wird die Auflagefläche des Reifens mit zunehmendem Lenkeinschlag immer größer.

Tourenwagen benötigen einen geringeren Nachlaufwinkel ...

... als Offroadmodelle

Der Schwingenstifthalter gibt bei vielen Modellen den Nachlaufwinkel vor. Optionale Tuningteile mit anderen Winkeln dienen der Abstimmung des Fahrverhaltens

Der Nachlaufwinkel soll die Auflagefläche der Reifen in Kurven optimieren

Die Offroader

Wie schon zuvor erwähnt, benötigen Offroad-Modelle konstruktiv bedingt einen größeren Nachlaufwinkel. Würden Buggys oder Monstertrucks mit den geringen Winkeln der Onroader fahren, hätte dies ein katastrophales Fahrverhalten zur Folge. Bedingt durch die große Rollneigung würde in Kurven das kurvenäußere Rad nach außen kippen und den Seitenhalt negativ beeinflussen. Deshalb besitzen Offroad-Modelle einen sehr großen Nachlaufwinkel. Er stellt die optimale Auflage der Reifen auch bei großen Lenkeinschlägen sicher.

Auch bei Buggys und Monstertrucks kann das Fahrverhalten über den Nachlaufwinkel bestimmt werden. Analog zu den Glattbahn-Modellen bewirkt ein kleinerer Winkel ein aggressiveres Einlenken und gutmütigeres Kurvenverhalten, ein größerer Winkel sorgt für ein gutmütigeres Einlenken und mehr Seitenhalt in den Kurven.

Eingestellt wird der Nachlaufwinkel entweder über die unteren Querlenker beziehungsweise deren Halter oder über die Lenkhebelträger der Vorderachse. Einigen Modellen liegen Bauteile für unterschiedliche Nachlaufwinkel bereits im Baukasten bei, oftmals ist hier aber die Tuningteileliste des betreffenden Chassis-Herstellers zu bemühen. Bei einigen Monstertrucks, Offroad-Modellen und Tourenwagen kann der Winkel aber auch bereits serienmäßig über die oberen Querlenker eingestellt werden. Dies hat den Vorteil, dass keine zusätzlichen Teile gekauft und verbaut werden müssen und somit die Setup-Arbeit weniger zeitintensiv ist.

Faustregel

Onroad-Fahrzeuge benötigen einen geringeren Nachlaufwinkel als Offroad-Fahrzeuge.

Die Verkleinerung des Nachlaufwinkels bewirkt ein aggressiveres Einlenkverhalten, hat aber weniger Seitenhalt in Kurven zur Folge. Die Vergrößerung des Nachlaufwinkels bewirkt ein gutmütigeres Einlenkverhalten, aber mehr Seitenhalt in Kurven.

Die hier geschilderten Veränderungen des Fahrverhaltens sind praxiserprobt, jedoch nicht immer in dieser Form auf alle Fahrzeuge anwendbar, da sie sich im Fahrverhalten und in der Reaktion auf Abstimmungsänderungen unterscheiden können. Hier muss jeder Fahrer selbst herausfinden, wie und in welcher Weise sein Fahrzeug reagiert. Da hilft nur Tüfteln und Ausprobieren.

Der Schwingenstifthalter gibt bei vielen Modellen den Nachlaufwinkel vor. Optionale Tuningteile mit anderen Winkeln dienen der Abstimmung des Fahrverhaltens

Öl

Immer wieder taucht bei Rennen eine Frage auf: „ ... und welches Öl fährst du?“ Diese Frage ist gar nicht so einfach zu beantworten, hängt sie sowohl im On- als auch im Offroad-Bereich doch von vielen unterschiedlichen Faktoren ab. Mit den Schlagwörtern „Federn“, „Kolbenplatte“ und „Dämpferanlenkung“ sollen nur einige genannt werden. Außerdem hängt die Wahl des richtigen Öls auch von der Fahrbahnbeschaffenheit und nicht zuletzt dem persönlichen Fahrstil ab.

Grundvoraussetzung für die Setup-Arbeit ist eine Mindestausstattung an Silikondämpferölen, die es in Viskositäten von 10 WT bis 100 WT im Modellbaufachhandel zu kaufen gibt. Oftmals tragen sie auch die Bezeichnung 100 bis 1.000 CPS – abhängig von der Herstellerfirma. Für Offroad-Modelle sollten Viskositäten von 10 bis 50 WT (100 bis 500 CPS) vorhanden sein, für Onroad-Modelle 30 bis 80 WT (300 bis 800 CPS). Damit ist man in den allermeisten Fällen für alle Streckenbedingungen gut gerüstet.

Als Basis sollte man immer zunächst das im Baukasten oder im Setup-Sheet angegebene Öl verwenden. Dieses bildet in der Regel eine gute Grundabstimmung. Durch die Viskosität, also die Dicke des Öls, lässt sich das Fahrverhalten der

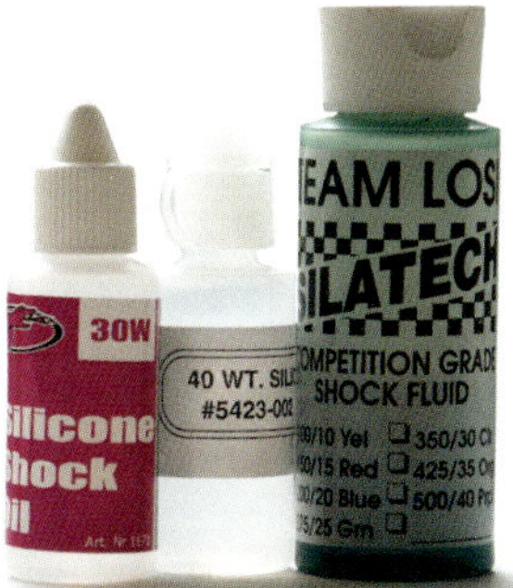

Je nach Hersteller können die Bezeichnungen der Ölviskositäten in W(T) oder CPS angegeben werden. Bei Stoßdämpferölen sind die WT-Angaben zumeist zweistellig, bei CPS-Angaben meist dreistellig

RC-Cars sehr gut beeinflussen. Allerdings ist das „Lastenheft“ bei On- und Offroad-Fahrzeugen grundverschieden, weshalb nun beide Kategorien getrennt voneinander beleuchtet werden sollen.

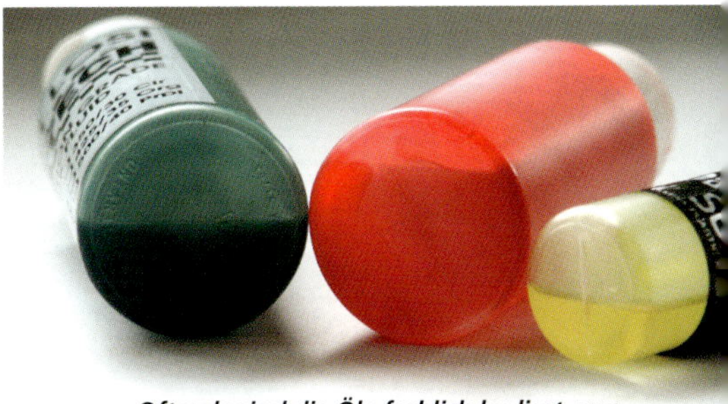

Oftmals sind die Öle farblich kodiert, was das Zuordnen im befüllten Stoßdämpfer erleichtert

Onroader

Bei den Onroad-Fahrzeugen wird das Öl in der Regel etwas dicker gewählt, da die Untergründe recht eben sind und ein dickeres Öl die Präzision des Fahrwerks erhöht. Die Seitenneigung – gerade in schnell gefahrenen Kurven – kann damit erfolgreich kontrolliert werden. Ist das Öl zu dünn, würde das RC-Car zum Aufschaukeln neigen. So gesehen hat dickes Öl ähnliche Eigenschaften wie ein Stabilisator. Wird das Öl dagegen zu dick gewählt, kann sich im schlimmsten Fall die Haftung der Reifen verringern und das Fahrzeug beim Überfahren von Fahrbahnunebenheiten zum Springen neigen. Hier gilt noch immer der altbekannte Spruch: So hart wie nötig, so weich wie möglich.

Die Dicke des Öls ist so zu wählen, dass der Onroader beim Überfahren von Fahrbahnunebenheiten nicht springt, aber ebenso auch nicht zum Durchschlagen neigt. Schiebt das RC-Car beim Einlenken in die Kurve über die Vorderräder, ohne dass jedoch die Vorderachse einknickt, so sollte ein dünneres (weicheres) Öl gewählt werden. Knickt es an der Vorderachse sehr stark ein, so sollte dickeres (härteres) Öl eingesetzt werden.

Ähnlich ist es beim Durchfahren von Schikanen und Kurvenkombinationen. Zeigt das Fahrzeug eine zu starke Seitenneigung, ist härteres Öl einzusetzen. Neigt es sich dagegen gar nicht und die Haftung der Reifen reißt ab, dann sollte weicheres Öl verwendet werden.

Stoßdämpfer sind komplexe Gebilde, deren Abstimmung sich gravierend auf das Fahrverhalten auswirkt

Offroader

Für Gelände-Fahrzeuge gilt in groben Zügen das schon bei den Onroadern Geschriebene. Auch hier lässt sich das Lastwechselverhalten, also die Seitenneigung in Kurven, in weiten Teilen über das verwendete Öl beeinflussen. Reagiert das Fahrzeug beim Einlenken in Kurven zu träge, kann weicheres Öl die Agilität verbessern. Zu zähes Öl hingegen wird unweigerlich die Neigung zum Untersteuern verstärken.

Auf der anderen Seite kann ein zu agiles Fahrzeug durch härteres Öl in seinem Lenkverhalten gemildert werden. Hier muss aber im Einzelfall der Einfluss des Öls auf das Fahrverhalten beobachtet werden. Federhärte, Dämpferkolbendimensionen und Dämpferbefestigungspunkte sind weitere Größen, die das Feder- und Dämpfungsverhalten beeinflussen können.

Wichtiger als die Seitenneigung in Kurven ist aber auf vielen Strecken vor allem das Fahrverhalten beim Überfahren von Sprunghügeln und Bodenunebenheiten. Hier sollte die Härte so gewählt werden, dass das Chassis nicht oder nur wenig zum Springen neigt, nach Sprüngen aber

Tourenwagen-Dämpfer sind in der Regel härter abgestimmt ...

auch nicht unweigerlich durchschlägt. Auch hier spielen die vorgenannten Parameter eine entscheidende Rolle.

Um das Verhalten des Fahrzeugs auf Setup-Änderungen abschätzen zu können, sollte sich der Fahrer ein wenig Zeit nehmen und verschiedene Abstimmungen der Dämpfer und die Auswirkungen auf das Fahrverhalten erforschen. Die Arbeit erscheint im ersten Moment vielleicht etwas zeitraubend, doch entlohnt ein tadellos fahrendes Auto den Aufwand in jedem Fall.

Faustregel

Onroad-Fahrzeuge benötigen eine härtere Dämpferabstimmung als Offroad-Fahrzeuge. Ist ein Fahrzeug beim Einlenken zu agil (zu nervös), kann härteres Öl die Reaktionen abmildern und ein ausgewogeneres Fahrverhalten bewirken.

Ist ein Fahrzeug beim Einlenken zu träge, kann weicheres Öl die Lenkreaktionen verbessern und somit die Agilität erhöhen.

Setup-Änderungen beim Dämpferöl sollten immer in 10er-Schritten vorgenommen werden. Also zum Beispiel vor der Änderung 30-WT-Öl, nach der Änderung 40-WT-Öl. Sind die gemachten Schritte zu groß, kann die gewünschte Änderung ins Gegenteil umschlagen.

... als Offroad-Dämpfer

Pivotball-Aufhängung

Das englische Wort „Pivot" bedeutet so viel wie Lager- oder Drehzapfen. Als Pivotball-Aufhängung bezeichnet man eine Fahrwerkskonstruktion bestehend aus oberem und unterem Querlenker in Verbindung mit einem Radträger, der in den Querlenkern auf zwei (Pivot)-Kugeln gelagert ist. Die Lagerkugeln lassen sich stufenlos in die Querlenker ein- und ausdrehen und gestatten somit eine sehr genaue Einstellung des Fahrzeug-Setups. Die in der Praxis verwendeten Systeme zeichnen sich in der Regel durch eine gute Haltbarkeit und sehr geringes Spiel in den Lagerstellen aus, was die Präzision der Aufhängung erhöht.

Die so genannte C-Hub-Aufhängung ist quasi der Gegenspieler des Pivotball-Systems und findet vor allem bei den Elektro-Tourenwagen und im Elektro-Offroad-Bereich seine Anwendung. Pivotball-Aufhängungen dagegen sind sehr häufig bei Verbrenner-Glattbahnmodellen und zum Teil auch im Verbrenner-Offroad-Bereich zu Hause. Beide Systeme haben ihre Vor- und Nachteile, die bei der Konstruktion der Modelle abgewogen werden müssen.

Der größte Vorteil des Pivotball-Systems ist zugleich auch sein größter Nachteil: Die stufenlose Einstellbarkeit. Das Aufhängungs-System kann in den Parametern Spur, Spurweite, Sturz und – je nach Konstruktion – Nachlauf eingestellt werden. Dafür sind in der Regel keine neuen oder zusätzlichen Teile nötig, da das Gewinde der Aufhängungskugeln die Spur- und Sturzverstellung übernimmt. Der Nachlauf kann über die oberen Querlenker justiert werden, was durch das Verschieben von kleinen Clipsen bewerkstelligt wird. Das von der C-Hub-Aufhängung bekannte Hantieren mit Unterlegscheiben für die Spurweite und unterschiedlichen C-Hubs (Lenkhebelhaltern) entfällt. Großer Nachteil dieser Einstellbarkeit: Zum Einmessen der einzelnen Parameter sind in der Regel aufwändiges Werkzeug und eine gewisse Erfahrung notwendig. Grundvoraussetzung sind ein Setup-Board (wahlweise auch ein gerader Tisch und Millimeterpapier), ein Mess-Schieber sowie eine Sturzlehre. Ganz Akkurate greifen zuvor etwas tiefer in die Tasche und verwenden ein Setup-System wie das aus dem Hause Hudy, das das Einmessen erheblich erleichtert. Aber auch mit

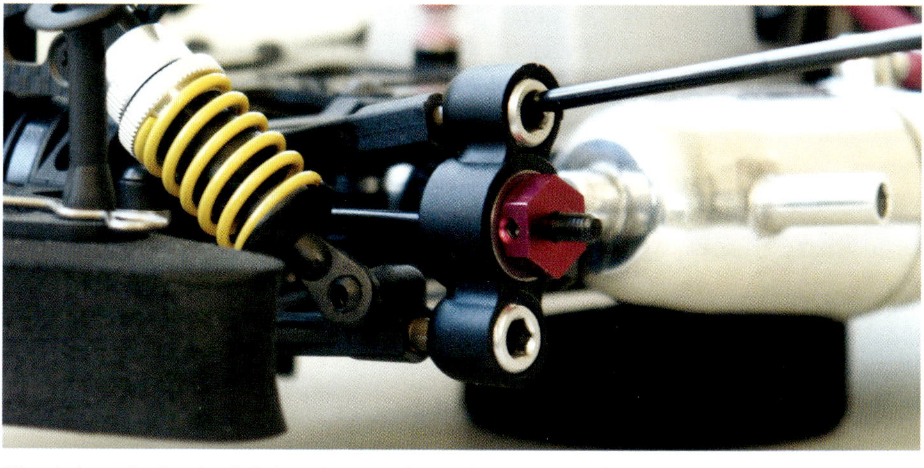

Hier sind gut die charakteristischen Pivot-Kugeln zu sehen, die der Aufhängung ihren Namen geben. Sie sind mit den Querlenkern verschraubt und reichen in die Radträger hinein. Sturz- und Spurwerte können mittels eines Inbus-Schlüssels verändert werden. Zusätzliches Werkzeug oder optionale Teile sind in der Regel nicht erforderlich

der „Brot-und-Butter-Lösung“ sollte es mit ein wenig Übung möglich sein, das Fahrzeug symmetrisch einzustellen.

Überhaupt ist „Symmetrie“ das Zauberwort bei der Abstimmung von RC-Cars. Ein „vertweaktes“, also schief eingestelltes Fahrzeug wird nie die Präzision erreichen, die schnelle Rundenzeiten oder Spaß am Fahren garantieren. Um diesen Tweak zu umgehen, ist das Chassis so genau wie möglich einzustellen. Linke und rechte Fahrzeugseite müssen die gleichen Winkel und Spurwerte aufweisen. Hierfür sollte zunächst der Chassis-Mittelpunkt, also die Rollachse markiert werden. Von dieser Achse aus können dann die Spurwerte eingemessen werden. Hierfür sollte man sich Fixpunkte an der Aufhängung suchen, die zum Vermessen herangezogen werden. Gut geeignet sind zum Beispiel die Außenkanten der Radträger. Zunächst sollten die unteren Querlenker der Vorder- und Hinterachse auf eine identische Länge gebracht werden. Danach können Felgen auf die Radmitnehmer geschraubt werden, um den Sturz der Räder mittels einer Sturzlehre einzumessen. Anschließend sollte noch einmal der Abstand der unteren Punkte der Radträger zum Fahrzeugmittelpunkt vermessen werden, um sicherzustellen, dass beide Fahrzeugseiten identisch eingestellt sind.

Nach dem Einmessen der Spurbreite und der Sturzeinstellung ist das Chassis bereit für die Spureinstellung an Vorder- und Hinterachse. Vorne geschieht dies in der Regel über Spurstangen, die den Öffnungswinkel der Räder bestimmen. Zeigen die Räder nach außen, spricht man von Nachspur, zeigen sie nach innen, von Vorspur. An der Hinterachse ist in der Regel nur Vorspur eingestellt, um das Heck zu stabilisieren. An der Hinterachse liegen die Pivotball-Punkte nicht wie an der Vorderachse über-, sondern nebeneinander. Die Spur wird folglich über die beiden Pivot-Kugeln eingestellt. An dieser Stelle gibt es nun zwei Möglichkeiten, die Spurwerte einzustellen. Zum einen über das Vermessen der Abstände Fahrzeugmitte – Außenkante Radträger, zum anderen über das Vermessen mittels einer Sturzlehre. Hierfür müssen die vorderen Aufhängungspunkte der Pivot-Kugeln schon exakt eingestellt sein. Für die Einstellung der hinteren Kugeln und somit der Vorspur wird das Chassis auf das hintere Getriebegehäuse oder die Stoßdämpferbrücke gestellt. Nun kann mittels der

Auch mit einer einfachen Sturzlehre kann die Vorspur vermessen werden

legt, wird aber an einem Setup-System nicht vorbeikommen.

Spielfrei

Pivotball-Aufhängungen haben einen großen Vorteil: Das Spiel der Radträger auf den Kugeln ist mittels Innensechskant-Einsätzen justierbar. Schlackernde Aufhängungen wie sie bei C-Hub-Ausführungen vorkommen können, gehören bei korrekter Einstellung der Vergangenheit an. Die Pivot-Kugeln werden im Radträger mittels Kunststoff- und Innensechskant-Einsätzen fixiert. Die Innensechskant-Einsätze lassen sich mittels Gewinde im Radträger hinein- und herausschrauben, womit das Spiel der Kugel zwischen Radträger und Einsatz eingestellt werden kann.

Grundvoraussetzung für ein exaktes Chassis ist die genaue Einstellung der Spurbreite. Dies gelingt am besten mit Hilfe eines Setup-Boards

Sturzlehre die Vorspur exakt eingestellt werden. Bei manchen Modellen kann es vorkommen, dass Anbauteile wie Spoiler- oder Karosseriehalterungen abgeschraubt oder kleine Klötzchen untergelegt werden müssen, um zu erreichen, dass das Chassis im 90-Grad-Winkel zum Untergrund steht. Nur so ist eine korrekte und nachvollziehbare Einstellung garantiert.

Das Spiel ist korrekt justiert, wenn die Aufhängung (ohne Stoßdämpfer) nach dem Anheben von selbst zu Boden fällt. Übermäßiges Spiel, ebenso wie ein Klemmen der Aufhängung, kann mit den Einsätzen korrigiert werden.

Zu Beginn wird die Einstellarbeit etwas zeitraubender sein, aber mit jeder Setup-Änderung bekommt man mehr Routine. Für den „Hausgebrauch" reicht das Vermessen der Einstellungen mit der beschriebenen Methode allemal aus. Wer auf das letzte Quäntchen Präzision Wert

Alternativ kann die Aufhängung auch mit einem Mess-Schieber eingestellt werden. Fixpunkte an der Aufhängung helfen, die Symmetrie einzuhalten

Rollzentrum

Das Rollzentrum ist bei Fahrzeugmodellen, genau wie der Schwerpunkt, nicht direkt zu sehen, sondern nur geometrisch zu ermitteln. Je näher die Rollzentren am Schwerpunkt liegen, desto geringer ist die Seitenneigung in Kurven. Die Rollzentren der Vorder- und Hinterachse sind durch die so genannte Rollachse miteinander verbunden. Die Abbildung zeigt, wie sich das Rollzentrum am fahrfertigen Chassis finden lässt.

Da der (Massen-)Schwerpunkt eines Fahrzeugs in der Regel über dem Rollzentrum liegt, neigt es sich entsprechend bei Kurvenfahrt zur Kurvenaußenseite. Je nachdem wie hoch oder niedrig das Rollzentrum liegt, fällt diese Neigung stärker (niedriges Rollzentrum) oder schwächer aus (hohes Rollzentrum).

Eine Sache der Einstellung

Das Rollzentrum kann über mehrere Punkte der Aufhängung beeinflusst werden. Zum einen über die oberen und zum anderen über die unteren Querlenker. Je nach Fahrzeugtyp ist dies in größerem oder kleinerem Umfang möglich. Die oberen Querlenker beziehungsweise Spurstangen können bei fast allen Modellen im Winkel verändert werden. An den unteren Querlenkern ist dies in der Regel durch das Anpassen der Bodenfreiheit oder besser durch das Verändern der Aufhängungspunkte am Chassis beziehungsweise an den Getriebegehäusen möglich. Gerade bei HighEnd-Tourenwagen und einigen Offroad-Modellen sind diese Möglichkeiten gegeben. Generell lässt sich sagen, dass sich das Rollzentrum über die oberen Querlenker feiner einstellen lässt als über die unteren Querlenker. Außerdem nehmen letztere mehr Zeit in Anspruch. Insofern sind Änderungen an den oberen Querlenkern immer vorzuziehen.

Die Änderungen können sowohl an den inneren als auch an den äußeren Aufhängungspunkten vorgenommen werden, sofern das Fahrzeug dies zulässt. Die Änderungen haben

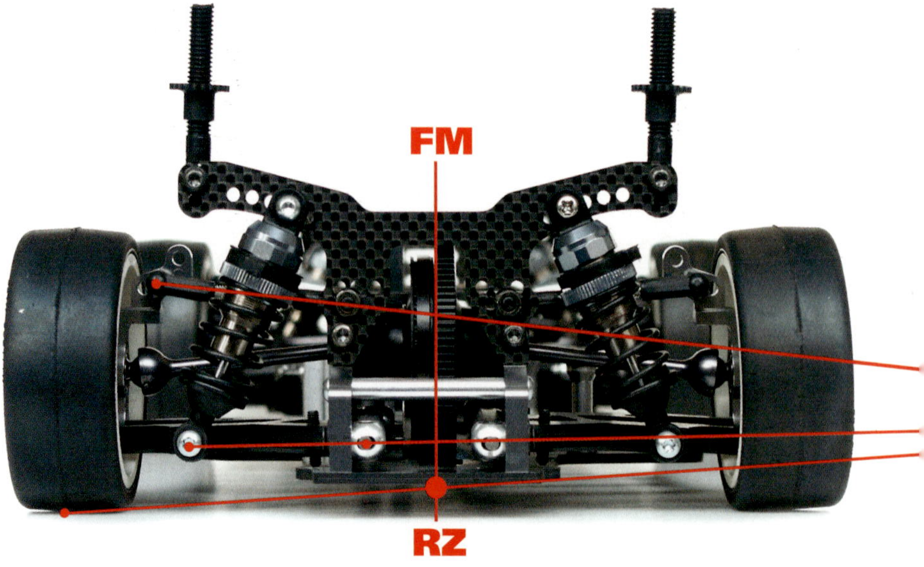

je nach Fahrzeugtyp mehr oder weniger starke Auswirkungen auf das Fahrverhalten. Wie genau sich die Veränderungen auswirken, zeigt die Tabelle.

Veränderungen am Rollzentrum sollten stets gut dokumentiert werden, um eine eventuell falsch eingeschlagene Richtung beim Setup schnell wieder in den Ursprungszustand zurückbauen zu können. Außerdem wirken sich Arbeiten am Rollzentrum auch auf die Sturzwerte, die Bodenfreiheit und die Ausfederwege aus. Diese sind in jedem Fall nach jeder Änderung zu kontrollieren. Andernfalls kann es vorkommen, dass sich die gemachten Änderungen gegenseitig aufheben.

Auch wenn sich die Arbeiten am Rollzentrum eher nach „Expertenarbeit" anhören, sind sie ein sehr wirkungsvolles Mittel bei der Abstimmung von RC-Car-Modellen. Wie bei allen bisherigen Punkten gilt auch hier: Probieren geht über Studieren.

Einstellung des vorderen Rollzentrums

Auswirkung	Querlenker	Änderung innerer Aufhängungspunkt	Änderung äußerer Aufhängungspunkt
Vorderes Rollzentrum absenken	Oberer Querlenker	Den inneren Aufhängungspunkt an der Dämpferbrücke oder dem Getriebegehäuse erhöhen	Den äußeren Aufhängungspunkt am Radträger absenken
	Unterer Querlenker	Den inneren Aufhängungspunkt des unteren Querlenkers absenken	
Vorderes Rollzentrum erhöhen	Oberer Querlenker	Den inneren Aufhängungspunkt an der Dämpferbrücke oder dem Getriebegehäuse absenken	Den äußeren Aufhängungspunkt am Radträger erhöhen
	Unterer Querlenker	Den inneren Aufhängungspunkt des unteren Querlenkers erhöhen	

Linie A liegt parallel zum oberen Querlenker
Linie B liegt parallel zum unteren Querlenker
Linie A und Linie B treffen sich im Punkt AB
Linie C zieht sich vom Mittelpunkt des Rades zum Punkt AB
Am Punkt, an dem die Linie C die Fahrzeug-Mittelpunkt-Linie (FM) schneidet, befindet sich das Rollzentrum (RZ)

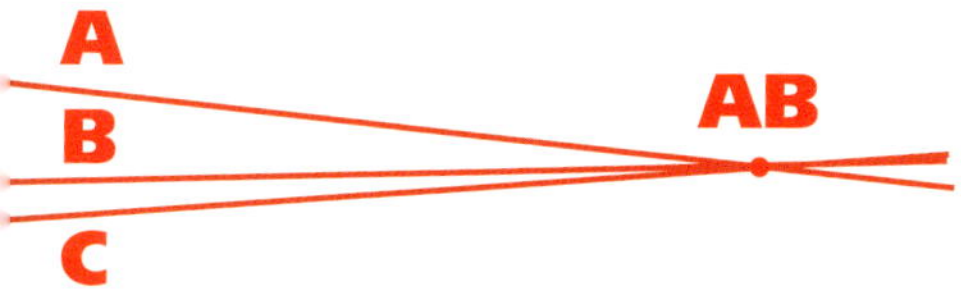

Bei Fahrzeugen mit Pivotball-Aufhängungen – wie diesem Serpent 710 – lassen sich in der Regel die Winkel der Querlenker über unterschiedliche Aufhängungspunkte an den Getriebegehäusen beeinflussen

Einstellung des hinteren Rollzentrums

Auswirkung	Querlenker	Änderung innerer Aufhängungspunkt	Änderung äußerer Aufhängungspunkt
Hinteres Rollzentrum absenken	Oberer Querlenker	Den inneren Aufhängungspunkt an der Dämpferbrücke oder dem Getriebegehäuse erhöhen	Den äußeren Aufhängungspunkt am Radträger absenken
	Unterer Querlenker	Den inneren Aufhängungspunkt des unteren Querlenkers absenken	
Hinteres Rollzentrum anheben	Oberer Querlenker	Den inneren Aufhängungspunkt an der Dämpferbrücke oder dem Getriebegehäuse absenken	Den äußeren Aufhängungspunkt am Radträger erhöhen
	Unterer Querlenker	Den inneren Aufhängungspunkt des unteren Querlenkers erhöhen	

Auswirkungen des vorderen Rollzentrums

Vorderes Rollzentrum	
Senken	• Mehr Lenkung unter Last • Fahrzeug reagiert langsamer • Besser auf glatten Strecken mit hohem Grip
Erhöhen	• Weniger Lenkung unter Last • Fahrzeug reagiert schneller • Gut auf Strecken mit hoher Haftung, um die Kippneigung zu verringern

Auswirkungen des hinteren Rollzentrums

Hinteres Rollzentrum	
Senken	• Mehr Haftung unter Last • Weniger Haftung beim Bremsen • Verringert Kippneigung am Kurveneingang • Gut bei rutschigen Streckenbedingungen • Verbessert Traktion
Erhöhen	• Weniger Lenkung unter Last • Fahrzeug reagiert schneller • Gut auf Strecken mit hoher Haftung, um die Kippneigung zu verringern

Sturz

Die Sturzwerte eines Fahrwerks bezeichnen den Winkel, in dem die Räder zur Fahrzeugmitte geneigt sind. Weist die Reifenflanke nach außen, spricht man von einem positiven Sturz, weist sie nach innen, spricht man von einem negativen Sturz. Im RC-Car-Bereich ist jedoch in der Regel nur der negative Sturz von Belang.

Um den Winkel der Räder einstellen zu können, muss das Fahrzeug über in der Länge verstellbare Querlenker verfügen. Theoretisch ließe sich der Sturz zwar auch mit fixen Querlenkern einstellen, dies würde jedoch die Möglichkeit voraussetzen, die Position der Aufhängungspunkte zu verändern, was wiederum andere Faktoren der Abstimmung beeinflussen würde.

Abgesehen von Einsteigerfahrzeugen bieten die meisten Chassis die Möglichkeit, den Sturz mittels der oberen Querlenker zu verändern. Durch Gewindespurstangen kann die Länge – und somit der Winkel der Räder – den Bedürfnissen angepasst werden. Wichtigstes Werkzeug hierfür ist die Sturzlehre, mit deren Hilfe der Winkel der Räder vermessen werden kann. Ist eine solche nicht zur Hand, tun es auch ein Geodreieck oder eine Schieblehre. Im Allgemeinen ist der Einfluss des Winkels nicht so groß wie landläufig angenommen wird. Er wirkt sich aber vor allem auf die Seitenführungskräfte und die Traktion aus. Grundsätzlich lässt sich sagen, dass mit zunehmendem Sturz die Seitenführung verbessert wird (die Reifen erreichen in Kurvenfahrt die maximale Auflagefläche), mit abnehmendem Sturz die Traktion (die Reifen erreichen beim Geradeausfahren die maximale Auflagefläche). So gesehen ist also immer ein Kompromiss aus Seitenführungskraft und Traktion zu finden.

Wettbewerbsfahrer oder Perfektionisten greifen zu Setup-Systemen wie denen von PMB oder Hudy

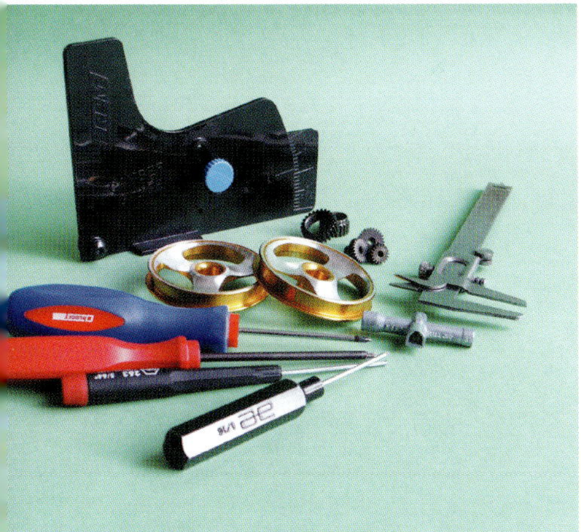

Voraussetzung zum Einmessen der Sturzwerte ist eine Grundausstattung an Werkzeugen, welche Schieblehre, Sturzlehre und zum Fahrzeug passende Schraubendreher umfassen sollte. Wer es besonders präzise mag, kann noch Setup-Räder hinzuziehen

Ob der Sturz am Fahrzeug korrekt eingestellt ist, lässt sich leicht am Reifenverschleiß kontrollieren. Laufen beide Vorderreifen gleichmäßig über die gesamte Reifenbreite ab, ist der Sturz korrekt eingestellt. Sind die Reifen stärker auf der Außenseite abgelaufen, ist der Sturz zu erhöhen, sind die Reifen stärker auf der Innenseite abgelaufen, ist der Sturz zu verringern. Ähnlich verhält es sich an der Hinterachse, an der jedoch ein leicht konisches Ablaufen der Räder zur Fahrzeugmitte hin gewünscht ist.

Wichtig bei der Einstellung des Sturzes an der Vorderachse ist auch der Nachlaufwinkel der Vorderräder. Je größer der Nachlaufwinkel ist, desto geringer kann der Radsturz ausfallen, da die Räder beim Einlenken nach innen kippen. Auf der anderen Seite muss der Sturz bei geringen Nachlaufwinkeln tendenziell größer ausfallen, da andernfalls die Reifen stark auf der Außenseite ablaufen.

Einstellung

Untersteuert ein Fahrzeug beim Einlenken ist es hilfreich, den Sturz der Vorderräder in Ein-Grad-Schritten zu erhöhen. Gleichzeitig kann auch der Sturz der Hinterräder verringert werden, um den Effekt zu verstärken. Übersteuerneigungen beim Einlenken können durch einen geringeren Sturz verringert werden. Gleichzeitig hilft mehr Sturz an der Hinterachse dabei das Fahrzeug weiter zu stabilisieren.

Diese Einstellhinweise gelten übrigens für Glattbahn- wie Offroad-Fahrzeuge gleichermaßen. Wichtig ist bei allen Fahrzeugen die exakt symmetrische Einstellung des Sturzes. Andernfalls ist ein gleichmäßiges und somit präzises Fahrverhalten nicht zu erzielen.

Grundeinstellung

Als gute Ausgangswerte für die Einstellung des Sturzes sollte bei Glattbahnmodellen an der Vorderachse ein bis 1,5 Grad und an der Hinterachse 1,5 bis 2 Grad Sturz eingestellt werden. Offroad-Modelle liegen in einem ähnlichen Bereich, wobei bedingt durch den größeren Federweg die Sturzzunahme beim Einfedern größer ist, weshalb der Grundsturz geringer gewählt werden kann.

Die Messung des Radsturzes sollte immer am fahrfertigen Modell erfolgen, das heißt es muss aufgetankt beziehungsweise mit dem Fahrakku versehen sein. Außerdem sind die zum Einsatz kommenden Räder zu montieren und die korrekte Bodenfreiheit einzustellen. Um den Sturz möglichst genau einmessen zu können, sind auch so genannte Setup-Räder, bestehend aus Aluminium, ein gutes Hilfsmittel.

Bei negativen Sturzweiten weisen die Räder nach innen

Vorspur

Als (Vor-)Spur bezeichnet man – von oben betrachtet – den Winkel der Räder in Bezug auf die Fahrzeugmittelachse. Stehen die Räder genau parallel zur Fahrzeugmittelachse, beträgt die Spur 0 Grad. Zeigen die Räder – in Fahrtrichtung gesehen – nach außen, spricht man von so genannter Nachspur, zeigen sie nach innen, ist Vorspur gegeben. Dieses gilt sowohl für die Vorder- als auch für die Hinterachse.

Um die Spurwerte zu messen, ist ein wenig Werkzeug Grundvoraussetzung. Sehr hilfreich ist dabei ein Setup-Board oder auch eine gerade Unterlage mit aufgeklebtem Millimeterpapier. Wer es ganz gut machen möchte, der greift hier zu einem Setup-System, zum Beispiel von Hudy oder PMB. Damit lassen sich die Vor- und auch die Nachspurwerte von Vorder- und Hinterachse genau vermessen.

Auswirkungen

Wie aber wirkt sich die Veränderung der Vorspur auf das Fahrverhalten aus? Ganz pauschal kann man sagen, dass Vorspur einer Achse mehr Grip bietet. Gerade an der Hinterachse kann ein schnell ausbrechendes Heck sehr gut durch eine größere Vorspur beruhigt werden. Dies funktioniert aber nur bis zu einem gewissen Punkt und auch nur dann, wenn der Rest der Fahrwerksabstimmung einigermaßen aufeinander abgestimmt ist. Nur über die Vorspur der Hinterachse allein wird niemand ein stark übersteuerndes Fahrzeug in den Griff bekommen.

Auswirkungen der Vorspur

Vorspur an der Vorderachse	Vergrößern	Der Geradeauslauf wird verbessert, das Fahrverhalten einfacher
	Verkleinern	• Verringert Untersteuerneigung • Verbessert das Einlenken am Kurveneingang • Schnellere Lenkreaktion • Fahrverhalten wird schwieriger
Vorspur an der Hinterachse	Vergrößern	• Vergrößert Untersteuerneigung • Fahrstabiler am Kurveneingang und beim Bremsen • Größerer Grenzbereich an der Hinterachse • Verringerter Topspeed
	Verkleinern	• Weniger fahrstabil am Kurveneingang und beim Bremsen • Kleinerer Grenzbereich an der Hinterachse • Verbesserter Topspeed

Zur präzisen Einstellung der Vorspur ist ein geeignetes Setup-Werkzeug sehr hilfreich. Oftmals geht es aber auch ohne, da die Vorspur an der Hinterachse zumeist über voreingestellte Böcke justiert wird. An der Vorderachse hingegen hilft ein entsprechendes Ausmessen mit einem Geodreieck oder Lineal

Etwas übertrieben dargestellte Vorspur an einem Kyosho Mini Inferno. In Fahrtrichtung gesehen zeigen die Räder auf einen gedachten Punkt. Hätten die Räder Nachspur, würden sie in Fahrtrichtung gesehen auseinander zeigen

An der Vorderachse bewirkt Vorspur vor allem eine Beruhigung des Fahrverhaltens. Ein beim Einlenken unruhiges Chassis kann durch etwas (mehr) Vorspur in seinen Reaktionen gedämpft werden. Auf der anderen Seite kann ein zu träge reagierendes Fahrzeug mit Hilfe von weniger Vorspur agiler eingestellt werden. Dieses gilt sowohl für die Vorder- als auch die Hinterachse. Allerdings besteht die Gefahr, dass die Haftung an der betreffenden Achse dann schneller abreißt, der Grenzbereich also kleiner wird.

Einstellbarkeit

Nicht alle Fahrzeuge verfügen über die Möglichkeit, die Spurwerte einzustellen. Wettbewerbschassis lassen sich in der Regel über unterschiedliche Vorspurblöcke (an der Hinterachse) oder Spurstangen (an der Vorderachse) einstellen. Einsteigerfahrzeuge hingegen verfügen nur selten über diese Möglichkeiten, da sie oftmals fest vorgegebene Einstellwerte besitzen, um den Einstieg nicht zu verkomplizieren. Wer dennoch zumindest die Vorspur einstellen möchte, der kann die starren Spurstangen bei den meisten Fahrzeugen recht einfach gegen eine Gewindestange und Kugelpfannen austauschen.

An der Hinterachse sorgt Vorspur für ein ruhigeres Fahrverhalten. Aus diesem Grund ist Nachspur hier auch nicht ratsam

Getriebeabstimmung

Ähnlich wie eine schlechte Fahrwerksabstimmung kann auch eine falsche Getriebeabstimmung das beste Modell zu einer lahmen Ente verkommen lassen. Dabei profitieren gerade Elektro-Modelle von einer passenden Untersetzung des Getriebes, da in der Regel Kraft und Fahrzeit nicht unbedingt im Überfluss vorhanden sind. An Verbrennermodellen dagegen schont ein richtig untersetztes Getriebe den Motor und trägt so zwangsläufig zu einer längeren Lebensdauer des teuren Aggregats bei.

Unentbehrlich für die Setup-Arbeit am Getriebe sind Motorritzel, Kupplungsglocken und Hauptzahnräder in unterschiedlichen Größen, um den Antrieb auf die verschiedenen Pistenlängen abstimmen zu können. Grundsätzlich gilt dabei folgende Faustregel: Eine Strecke mit vielen Kurven und kurzen Geraden benötigt eine kürzere Getriebeabstimmung als eine Piste mit weniger oder weiteren Kurven und längeren Geraden, welche eine längere Untersetzung verlangt.

Das Getriebe ist korrekt abgestimmt, wenn der Motor auf der längsten Geraden nach etwa zwei Dritteln Wegstrecke komplett ausgedreht hat, also keine Drehzahlzunahme zu vernehmen ist. Ist der Motor nicht in der Lage komplett auszudrehen, muss kürzer untersetzt werden, das heißt ein Motorritzel beziehungsweise eine Kupplungsglocke mit einer geringeren Zähnezahl oder ein Hauptzahnrad mit einer größeren Zähnezahl eingesetzt werden. Dreht der Motor dagegen zu früh aus, ist umgekehrt zu verfahren. Ein Motorritzel mit mehr oder ein Hauptzahnrad mit weniger Zähnen verkleinert die Untersetzung – das Triebwerk erreicht erst später seine Maximaldrehzahl. Das eben Beschriebene gilt in gleichem Maße übrigens auch für Fahrzeuge mit Zweigang-Getrieben. Hier muss nur zusätzlich der Schaltpunkt vom ersten in den zweiten Gang berücksichtigt werden. Der zweite Gang wird wie schon beschrieben so abgestimmt, dass der Motor nach zwei Dritteln der Geraden ausgedreht hat und der erste Gang – beziehungsweise der Schaltpunkt – sollte so ausgelegt werden, dass (ungefähr) im ersten Drittel der Geraden geschaltet wird.

Etwas anders ist der Sachverhalt bei Offroad-Modellen. Hier sollte der Motor, unabhängig davon, ob von Elektro- oder Verbrennermodellen die Rede ist, nach etwa der Hälfte der Geraden seine Spitzendrehzahl erreicht haben. Hintergrund ist, dass ein unebener Untergrund, wie er auf einer Geländestrecke zu finden ist, das Fahrzeug abbremsen kann und eine zu lange

Untersetzung den Motor nur unnötig belasten würde. Der höhere Rollwiderstand der Reifen tut sein Übriges, sodass eine kürzere Untersetzung auch dem Beschleunigungsvermögen aus engen Kurven und der Agilität beim Überholen zuträglich ist.

Insider Guide

„Kurze" und „lange" Getriebeabstimmung

Von einer kurzen Getriebeabstimmung spricht man, wenn eine relativ hohe Untersetzung, also ein Ritzel oder eine Kupplungsglocke mit wenig Zähnen und ein Hauptzahnrad mit relativ vielen Zähnen zur Anwendung kommen. Im Umkehrschluss redet man bei einem Ritzel oder einer Glocke mit relativ vielen Zähnen und einem Hauptzahnrad mit relativ wenig Zähnen von einer langen Untersetzung.

Hilfsmittel

Um sein RC-Car optimal auf die gegebenen Streckenverhältnisse abstimmen zu können, sind unterschiedliche Hilfsmittel, sprich Werkzeuge, unumgänglich. Zur Minimalausstattung sollte ein für das eigene Fahrzeug passender Werkzeugsatz gehören, der idealerweise aus Kreuz- und Schlitzschraubendrehern besteht und unterschiedliche Größen beinhaltet. Autos mit zölligen Schrauben benötigen zusätzlich oftmals noch Inbusschraubendreher, die aber im Modellbaufachhandel zu beziehen sind. Des Weiteren sollten ein Lineal

Mit dem richtigen Werkzeug macht die Abstimmungsarbeit Spaß und wird schnell zum Erfolgserlebnis

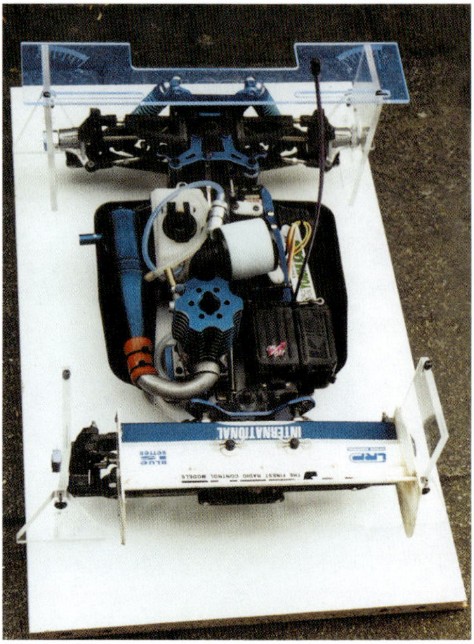

Fünf Sterne deluxe – das exklusive Setup-System von Hudy ist das Nonplusultra der Abstimmungshilfen

und Geodreieck, Mess-Schieber und eine gerade Unterlage in Form einer (Plexi-)Glasscheibe oder eines Holzbretts vorhanden sein. Ein- und Ausfederwege, Vor- und Nachspureinstellungen sowie das Anpassen von Sturz und Fahrzeughöhe lassen sich nur so nachvollziehbar und exakt einstellen. Für Perfektionisten gibt es noch unterschiedliche Werkzeuge zur Einstellung der genannten Parameter, die extra zu diesem Zweck hergestellt wurden. Eine enorme Erleichterung bringt dabei ein Winkelmesser für den Radsturz, da ein Einmessen mit dem Geodreieck nur unbefriedigende Ergebnisse liefert. Wer es besonders komfortabel haben möchte, dem sei das Setup-System von Hudy ans Herz gelegt, in das das Auto quasi eingespannt und dann vermessen und eingestellt werden kann. Wie vieles im Leben hat jedoch auch dieses Teil seinen Preis, der sich jedoch relativiert, wenn man viel an seinem Chassis arbeitet. Gerade gutes und passendes Werkzeug kann den Spaß am Schrauben enorm steigern und die Arbeiten gehen wie selbst von der Hand.

Kupplung

Modell-Kupplungen arbeiten nach zwei Grundprizipien: Links die Zentrifugal-Kupplung mit Kupplungsbacken, wie sie in der Regel bei Offroad-Modellen zum Einsatz kommt, rechts eine Centax-Kupplung, die bei Onroad-Modellen verwendet wird

Es gibt zurzeit zwei unterschiedliche Kupplungssyteme auf dem Markt: Die Zentrifugal- und die Zentrifugal-Axial-Kupplung, kurz Centax-Kupplung. Beiden Bauweisen gemein ist eine grundsätzliche Funktionsweise: Mit steigender Drehzahl der Kurbelwelle beim Gasgeben werden federbelastete Kupplungsbeläge durch die Zentrifugalkraft gegen die Kupplungsglocke gedrückt, wodurch der Kraftschluss zwischen Motor und Getriebe hergestellt wird. Die Wirkungsweisen der Zentrifugal- und Centax-Kupplung unterscheiden sich jedoch recht gravierend.

Die Zentrifugal-Kupplung

Dieses ist das am häufigsten anzutreffende System, da es aufgrund von nur wenigen Bauteilen einfach und robust ist und sich deshalb vor allem für Einsteiger- und Offroad-Fahrzeuge eignet. Je nach Auslegung verrichten hier zwei bis vier Kupplungsbacken ihren Dienst, die auf der Schwungscheibe montiert sind. Ob nun eine Kupplung mit zwei, drei oder vier Backen eingesetzt wird, hängt vom Einsatzgebiet des Fahrzeugs ab. Schwächer motorisierte Modelle sind mit einer einfachen Zweibacken-Kupplung in der Regel gut bedient. Drei- und Vierbacken-Kupplungen sollten hingegen bei stärker motorisierten und Offroad-Fahrzeugen zum Einsatz kommen. Diese bieten eine größere Auflagefläche der Backen und deshalb einen besseren Kraftschluss. Nachteilig kann sein, dass diese nicht ganz so sensibel ansprechen wie die Zweibacken-Ausführung, was ein gefühlvolles Anfahren verhindern kann. Etwas abmildern lässt sich dieser Effekt durch die richtige Einstellung der Kupplung.

Kupplungen mit umlaufender Feder lassen sich mit Hilfe unterschiedlich starker Federn einstellen. Hier die Kupplung eines Schumacher Mission

WWW.RC10.COM
SC8e
SHORT COURSE
1:8 Scale Ready-to-Run 4WD
Electric Off Road Race Truck
The SC8e RTR survives a grueling 375 miles
in RC Car Action's 24 Hour Tourture Test!
IFMAR WORLD CHAMPIONS 24 TIME
Official R/C Car of the
LUCAS OIL OFF ROAD RACING SERIES
In einem Langstreckentest des R/C Car Fachmagazines R/C Car Action legte der SC8e eine Strecke von über **600 Kilometer** in **24 Stunden** zurück! Ein Beweis für die Haltbarkeit, Performance und Zuverlässigkeit dieses außergewöhnlichen 4WD Short Course Racing Trucks!
BRUSHLESS
Ready-To-Run
Rockstar Trademark is used under license from Rockstar Inc.
XP3-SS 2.4GHz 3-Kanal Fernsteuerung
Originalgetreue Nachbildung der Spritzlappen
Originalgetreue Nachbildung des Überrollkäfigs & Spritzwand
Vormontierte Factory Team 16mm "Big-Bore" Öldruckstoßdämpfer
Short Course Felgen & Reifen
Verbesserte Vorderachsgeometrie
Mamba Max Pro Brushless-Regler mit Deans® Ultra Plug® Hochstrom-akkustecker
Leistungsstarker Castle 2200kV Brushlessmotor
Technische Daten:
Maßstab: 1/8
Antriebsart: 4WD Elektro
Länge: 616mm
Breite: 311mm
Spurbreite: 259mm
Gewicht ohne Akku: 4040g
Radstand: 375mm
Interne Untersetzung: 4.30:1
SC8e RTR Features:
• Absolut authentische Rockstar/Makita Replika-Karosserie • Originalgetreue Reifen & Felgen mit Spezial-Einlagen und Gold eloxierten „Bead Guards" • Professionelles & bewährtes „Mamba Max Pro" Brushless-System mit Deans® Ultra Plug® Hochleistungs-Gold-Steckern • Extrem-Leistungsstarker Neu-Castle 2200kV Qualitäts-Brushless-Motor • XP3-SS 2.4GHz 3-Kanal RC-System für störungsfreien Betrieb & drehmoment-starkes Metall-Getriebe-Lenk-Servo • 16mm „Big Bore" Öldruckstoßdämpfer aus leichtem, zähem Kunststoff-Verbundmaterial • Funktionaler und ultra-realistischer Überrollkäfig mit integrierten Schmutz-Abweisern • Cool in Schwarz eloxiertes, 3mm starkes Chassis aus 7075 Qualitäts-Aluminium • Stabile 3mm Aluminium Dämpfer-brücken • Professionelle Edelstahl-Spur- & Lenk-Stangen mit R/L-Gewinde • Stabile Stoßstangen nach Original-Vorbild inklusive der legendären „A-Team" Logo Gummi „Mud Flaps" • Zum Betrieb benötigt: 3S (11,1V) und/oder 4S (14,8V) LiPo Akku-Pack mit Deans® Ultra Plug® Hochleistungs-Gold-Steckern.
TEAM ASSOCIATED
Thunder Tiger Europe GmbH
Rudolf-Diesel-Str. 1
D-86453 Dasing
www.thundertiger-europe.com

Thunder Tiger
Verkauf nur über den Fachhandel. Irrtum vorbehalten.
2010 HAUPTKATALOG
Fordern Sie noch heute unseren neuen
Hauptkatalog 2010 (384 Seiten) an:
info@thundertiger-europe.com
Runter bis zum KNIE!
UNLIMITED FUN
100km/h
*bei entsprechender Motorisierung
*Motor NICHT im Lieferumfang enthalten
Länge: 410mm Breite: 128mm Höhe: 254mm Radstand: 288mm Gewicht: 1420g
Best# 6573-K SB-5 Racing Bike Baukasten (ohne Elektronik)
Zahnriemenantrieb
Parallel-Link Gabel
Rutschkupplung
Zweiteilige Kunststofffelgen
2 Lenkungsdämpfer
Slick-Reifen mit Formeinlagen
KIT Assembly Required
1:5
ON ROAD
KIT
SB 5
Thunder Tiger Europe GmbH - Rudolf-Diesel-Str. 1 - D-86453 Dasing
www.thundertiger-europe.com
www.thundertiger-tv.com

Klassische Dreibacken-Kupplung mit Alu-Backen. Sie ermöglicht ein kraftvolles Einkuppeln und wird vor allem bei leistungsstarken Motoren verwendet

Zentrifugal-Kupplungen lassen sich in der Regel nicht stufenlos einstellen, was aber nicht weiter tragisch ist, da es andere Möglichkeiten gibt, den Schleifpunkt an die persönlichen Bedürfnisse anzupassen. Am einfachsten lässt sich die Wirkung einer Kupplung über unterschiedlich harte Kupplungsfedern einstellen. Härtere Federn bewirken ein späteres Einkuppeln und somit eine kräftigere, aber auch ruckartigere Beschleunigung, weichere Federn bewirken ein früheres und somit ruhigeres Einkuppeln. Einen ähnlichen Effekt hat auch das Verändern des Gewichts der Backen. Das Erleichtern der Backen verzögert das Einkuppeln, das Beschweren beschleunigt es. Das Erleichtern kann zum Beispiel durch Wegschneiden oder Ausbohren von Material an den Kupplungsbacken geschehen, das Beschweren durch Bohren und Eindrehen von Madenschrauben oder Ähnlichem. Die letztbeschriebene Methode setzt allerdings ein gewisses Maß an Präzision voraus und sollte deshalb nur dann vorgenommen werden, wenn ein Abstimmen über die Federn nicht möglich ist.

Zentrifugal-Axial-Kupplung

Die Centax-Kupplungen sind eigentlich nur an Wettbewerbs-Glattbahnfahrzeugen zu sehen, da sie etwas empfindlicher bei Verschmutzung als die konventionellen Kupplungen sind. Ihr Vorteil liegt im geringeren Verschleiß und der stufenlosen Einsstellbarkeit der Kupplungswirkung. Bei einer Centax-Kupplung übernehmen axial bewegende Kugeln oder Gewichte die Aufgabe, den einteiligen Kupplungsbelag gegen die konische Kupplungsglocke zu drücken.

Mit Hilfe der Kupplungsfeder, die auf dem Adapter des Schwungrads sitzt, lässt sich von außen und ohne den Motor aus dem Chassis zu nehmen die Kupplung justieren. Auch sind somit keine anderen Backen oder Federn notwendig. Greift die Kupplung zu früh, wird die Feder weiter vorgespannt, greift sie zu spät, wird die Vorspannung zurückgenommen. Die Einstellung richtet sich auch bei diesem Modell nach dem verwendeten Motor und Einsatzzweck und kann nicht pauschalisiert werden.

Insider Guide

Axial

Axial bedeutet so viel wie „in Achsrichtung verlaufend" und bezeichnet in unserem Fall, dass sich die Kupplungsbeläge der Centax-Kupplung parallel zur Kurbelwelle bewegen, um den Kupplungsbelag gegen die Kupplungsglocke zu drücken.

Zentrifugalkraft

Als Zentrifugalkraft bezeichnet man die bei der Bewegung eines Körpers auf einer gekrümmten Bahn oder der Drehung um eine Achse auftretende, nach außen gerichtete Kraft. Sie wird oft auch als Fliehkraft bezeichnet. Dies bewirkt, dass die Kupplungsbacken ab einer gewissen Drehzahl nach außen und von innen gegen die Kupplungsglocke gedrückt werden und so den Kraftschluss zwischen Motor und Getriebe herstellen.

Centax-Kupplungen – hier von STS-Racing – lassen sich mit Hilfe der zentralen Kupplungsfeder stufenlos in ihrer Wirkung anpassen

Standortbestimmung

Als Gradmesser für die korrekte Einstellung der Kupplung kann das Beschleunigungsverhalten herangezogen werden. Hierzu werden auf dem Untergrund, auf dem das Fahrzeug später eingesetzt werden soll, zwei Linien in etwa 20 bis 25 Meter Abstand gezogen. An einer Linie wird das Fahrzeug aufgestellt, an der anderen ein Helfer mit einer Stoppuhr platziert, der die Durchfahrtszeiten stoppt. Zunächst sollten mehrere Durchgänge gefahren und ein Mittelwert für die zwischen den Linien zurückgelegte Zeit genommen werden. Nun sollte das Fahrzeug mit unterschiedlichen Kupplungseinstellungen gefahren werden, um herauszufinden, mit welcher Abstimmung die kürzeste Zeit benötigt wird. Besitzer von Modellen mit Mehrgang-Getriebe sollten vor der Einstellung des Schaltpunkts immer zunächst die Kupplung justieren und sich dann dem Getriebe widmen, um falsche Einstellungen zu vermeiden.

Auch ohne Demontage einstellbar: Die Centax-Einheit für Onroad-Fahrzeuge

Hier ging es heiß her! Die Kupplung sollte niemals schon bei Standgas greifen, da sie ansonsten überhitzen und Schaden nehmen könnte. Gleiches gilt allerdings auch für ein zu spätes Einkuppeln

Nur im demontierten Zustand einstellbar: Die konventionelle Kupplung. Ihre Wirkungsweise lässt sich über unterschiedlich starke Federn oder das Gewicht der Backen einstellen

Lastwechsel

Lastwechsel in der Kurve lassen den Wagen zur Kurvenaußenseite kippen

Manchen Fahrern ist dieser Begriff möglicherweise geläufig, anderen wiederum nicht. Als Lastwechsel bezeichnet man allgemein gesprochen die Reaktionen des Fahrzeugs auf das Beschleunigen und Bremsen beziehungsweise den Richtungswechsel beim Kurvenfahren. Je nach Fahrzeugtyp und Setup können diese Reaktionen, also das Eintauchen der Vorder- oder Hinterachse beim Bremsen beziehungsweise Beschleunigen und die Wank- beziehungsweise Rollneigung bei Kurvenfahrt unterschiedliche stark ausfallen. RC-Cars wie Offroad-Modelle oder Monstertrucks mit mehr Bodenfreiheit oder weicherer Fahrwerksabstimmung neigen zu stärkeren Lastwechselreaktionen als Tourenwagen.

Antisquat an der Hinterachse vermindert die Lastwechselreaktionen durch das Anstellen der Querlenker

Insider Guide

Kick-Up

Das Anstellen der vorderen unteren Querlenker wird als Kick-Up bezeichnet. Im Gegensatz zum Anti-Dive an der Vorderachse wird das Abbremsverhalten der Vorderachse verschlechtert, was einem Gefühl von weniger Haftung an der Vorderachse beim Einlenken gleichkommt. Auch hier verbessert ein größerer Anstellwinkel das Überfahren von Unebenheiten, wirkt sich jedoch negativ auf das Einlenkverhalten aus.

Anti-Squat

Als Anti-Squat wird das Anstellen der hinteren unteren Querlenker in Fahrtrichtung bezeichnet. Je größer der Winkel der Aufhängung ist, desto mehr Haftung wird an der Hinterachse generiert. Allerdings nimmt die Lenkwilligkeit dadurch ein wenig ab, was jedoch durch ein besseres Ansprechen der Federung über unebene Streckenteile wieder aufgewogen wird.

Beim Bremsen sackt der Vorderwagen stark ein

Beim Beschleunigen bewirkt eine starke Lastwechselreaktion ein Eintauchen der Hinterachse

In aller Regel bedeuten geringe Reaktionen auf Lastwechsel ein gleichmäßigeres Fahrverhalten. Diese Eigenschaft ist sowohl bei Onroad- als auch Offroad-Modellen anzustreben, was aber ein gutes Setup von Federn und Öl voraussetzt. Härteres Öl, härtere Federn und der Einsatz von Stabilisatoren an der Vorder- und/oder Hinterachse sind probate Mittel, den Lastwechsel abzumildern. Hier ist allerdings weniger oft mehr, denn eine zu harte Abstimmung macht das Fahrzeug unfahrbar über Bodenunebenheiten, was wiederum zu sehr kritischen Fahrzuständen führen kann. Getreu dem Motto „So weich wie möglich, so hart wie nötig!" ist lieber ein etwas „lebhafteres" sprich weicheres Setup vorzuziehen, als nachher ein quasi starres Fahrwerk zu haben, das bei jedem Kieselstein aus der Bahn gerät. Abhilfe auf besonders unebenen Bahnen kann auch der Gebrauch von möglichst weichen Federn in Verbindung mit einem Stabilisator schaffen.

Praxis-Tipp

Zeigt ein Fahrzeug zu starke Lastwechselreaktionen und wird dadurch in Extremsituationen unkontrollierbar, können folgende Empfehlungen gegeben werden:

- Dämpfung und Federn härter abstimmen. Das Setup sollte allerdings nicht zu hart gewählt werden, da ansonsten das Fahrzeug zum Hüpfen neigt, was wiederum das Fahrverhalten verschlechtern kann.

- Stabilisatoren einbauen. Diese Maßnahme verringert die Rollneigung des Chassis in Kurven. Ist der Stabi zu hart abgestimmt, kann es zu Lasten der Haftung von Vorder- und Hinterachse gehen. In diesem Fall ist der Stabilisator weicher abzustimmen beziehungsweise gegen einen weicheren auszutauschen.

- Die Bodenfreiheit verringern. Durch den niedrigeren Schwerpunkt wird das Aufschaukeln in Kurven und beim Bremsen/Beschleunigen gemildert. Eine zu geringe Bodenfreiheit führt jedoch zum Durchschlagen des Chassis und somit zum Verlust der Bodenhaftung.

- Kick-Up/Anti-Squat einbauen. Dieser Punkt ist nur zu beachten, wenn das Fahrzeug über entsprechende Einstellmöglichkeiten verfügt. Je mehr Kick-Up/Anti-Squat eingebaut wird, desto stärker werden die Lastwechselreaktionen verringert.

Wer sich an diese Vorgaben hält, der wird in Zukunft keine Probleme mehr mit Fahrzeugen haben, die einem amerikanischen Straßenkreuzer gleich hin und her wanken.

Kick-Up an der Vorderachse kann in Maßen dem Eintauchen entgegenwirken

Für Fahrzeuge mit sehr weit reichenden Einstellmöglichkeiten des Fahrwerks ist auch die entsprechende Anpassung des vorderen Kick-Ups beziehungsweise des Nachlaufwinkels sowie des Anti-Squats an der Hinterachse interessant. Die Nickbewegungen, also das Einfedern der Vorder- und Hinterachse, werden durch das Anstellen der Querlenker abgemildert. (Mehr) Kick-Up an der Vorderachse verringert in geringem Maße das Eintauchen, das das selbstständige Abbremsen der Achse in Kurven verringert wird. Im Gegenzug verhält sich der Vorderwagen aber gutmütiger beim Überfahren von Unebenheiten. (Mehr) Anti-Squat an der Hinterachse verringert die Nickbewegungen/das Eintauchen, was für ein stabiles Heck beim Beschleunigen sorgt und als angenehmen Nebeneffekt auch ein gutmütiges Fahrverhalten über Unebenheiten mit sich bringt.

Stabilisatoren sind ein gutes Hilfsmittel, um die Seitenneigung in Kurven zu verringern

Massenschwerpunkt

Die Chassisbalance eines RC-Cars ist entscheidend für die Kontrollierbarkeit eines Modells. Beeinflusst wird diese Chassisbalance durch die Gewichtsverteilung auf dem Chassis beziehungsweise den Massenschwerpunkt des Modells.

Je ausgeglichener die Massenverteilung eines RC-Cars ist, desto leichter geht das Pilotieren von der Hand. Die Gewichtsverteilung zwischen Vorder- und Hinterachse, aber auch die zwischen linker und rechter Fahrzeugseite hat Einfluss auf das Fahrverhalten in Kurven sowie beim Bremsen und Beschleunigen. Ein gut ausbalanciertes Chassis driftet meist auf allen vier Rädern gleichzeitig und gleichmäßig. Ein solches Modell zu bewegen macht in der Regel mehr Spaß, als sich den Herausforderungen eines stetig ausbrechenden Hecks oder eines extremen Untersteuerns fahrerisch zu stellen.

Nun besteht das Problem bei der Massenverteilung aber darin, dass bei vielen Modellen konstruktiv bereits alles fest und unverrückbar auf der Chassisplatte angeordnet ist und insofern kaum Einfluss auf die Chassisbalance mehr genommen werden kann. In einem solchen Fall muss eine ungenügende Chassisbalance durch andere Setup-Maßnahmen wie beispielsweise Reifenwahl, Stoßdämpferabstimmung oder die entsprechende

Der Akku liegt beim Asso-T4-Truck mittig und kann durch Umstecken der Schaumstoffteile weiter nach vorn oder hinten verschoben werden

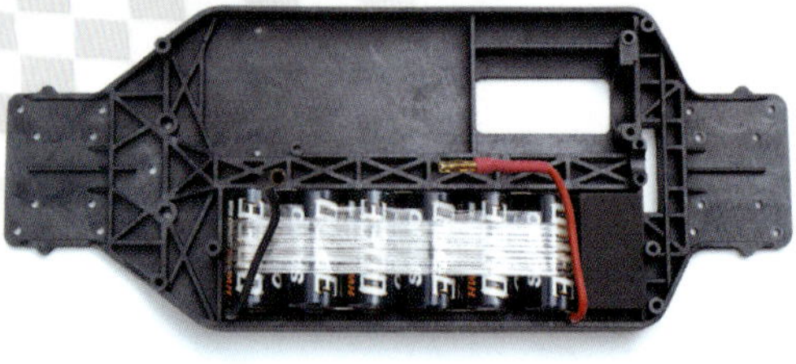

Hier wurde der sechszellige Akku im Asso-TC3-Chassis beispielshaft in der vorderen Position angeordnet; ein Schaumstoffstück füllt den Platz der siebten Zelle

Einstellung von Sturz, Spur und Nachlauf quasi kompensiert werden.

Ausschließlich im Bereich der Elektromodelle finden sich aktive Setup-Möglichkeiten für die Massenverteilung durch die Möglichkeit, den Akku in seiner Position zu variieren. Darüber hinaus ist das Anfügen von Bleigewichten insbesondere bei den 2WD-Modellen üblich, um die Massenverteilung im Modell zu verbessern. Die variable Anordnung des Akkus auf dem Chassis ist jedoch die effektivste Variante. Eine Zeit lang waren die so genannten Saddle-Packs eine beliebte Variante, wo drei Zellen auf jeder Seite des Chassis Platz fanden. Ein Beispiel, wie das Fahrverhalten durch die Anordnung nachhaltig beeinflusst werden kann, lieferte seinerzeit das Kyosho TF-3-Chassis. Der TF-3 verwandt in den Bausatzvarianten einen normalen Stick-Pack, was sehr praktisch war, aber auch für das typisch nervöse und ausbrechende Heck des TF-3 sorgte. Erst der Einsatz eines Saddle-Pack – was bei den Wettbewerbsversionen dieses Chassis im Übrigen Standard war – schaffte Abhilfe.

Heute wird die kompakte Akkuanordnung bevorzugt, wo die Zellen zu einem Stangenpack auf gereiht werden. Dieser Akkupack findet vorzugsweise mittig im Chassis seinen Platz. Die seitliche Akkuanordnung ist aber ebenso häufig anzutreffen. Durch das Verschieben des Akkus um etwa eine Zellenbreite nach vorn oder hinten wird Einfluss auf die Gewichtsverteilung zwischen Vorder- und Hinterachse genommen. Der XRAY T1 bietet, was den Aspekt der Akkuposition betrifft, wohl die derzeit umfassendsten Möglichkeiten. So kann zum einen die Seite gewählt werden, auf der der Akku platziert wird, zum anderen kann der Akku aufgeteilt und in verschiedenen Positionen auf der linken und rechten Chassisseite angeordnet werden.

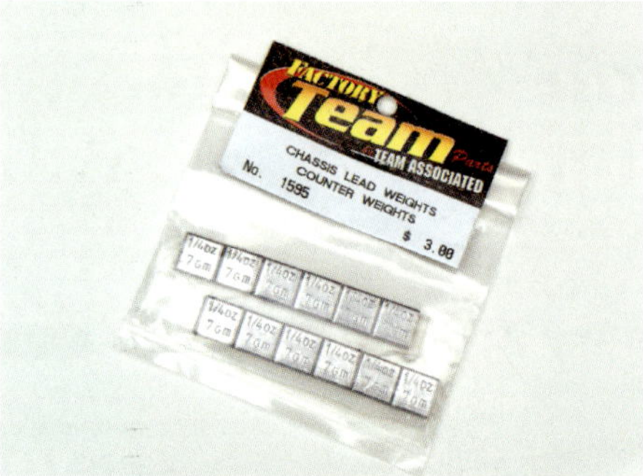

Bleigewichte wie hier von Asso können zur Verbesserung der Gewichtsverteilung im Chassis genutzt werden

Im Fantom Evolution II von Kyosho wird der Empfängerakku für einen optimalen, niedrigen Schwerpunkt aufwändig um den Tank herumgebaut

Tweakboard

Der Klassiker: Das Tweakboard mit Libelle überzeugt durch einen geringen Platzbedarf und einen vergleichsweise niedrigen Anschaffungspreis

Im Wörterbuch wird das englische Wort „Tweak" mit zwicken oder kneifen übersetzt, was in unserem Fall nicht wirklich sinngemäß den Kern der Sache trifft. Ein vertweaktes Chassis bedeutet vielmehr, dass das Fahrzeug verwunden beziehungsweise verzogen ist. Die Gründe hierfür sind vielfältig. Heftige Crashs oder Überschläge, bei denen sich verschiedene Teile verschieben oder verbiegen können ebenso die Ursache sein wie mangelnde Sorgfalt bei der Montage (unterschiedliche Dämpferlänge, Federvorspannung, ungleichmäßige Befüllung der Dämpfer). In der Praxis äußert sich ein Tweak durch unterschiedliches Fahrverhalten in Rechts- und Linkskurven. Während das Chassis beispielsweise nur sehr widerwillig in Rechtskurven einlenkt, also untersteuert, kann es in Linkskurven ebenso heftig übersteuern. Im Extremfall äußert sich dies durch ein abrupt ausbrechendes Heck, verursacht durch verschiedene Radlasten. Die Räder drücken also mit unterschiedlicher Kraft auf den Boden.

Mit dem so genannten Tweakboard lässt sich eben dieser Zustand relativ genau überprüfen. Die mit Abstand bekannteste und meist verbreitete Methode ist die des Libellensystems. Hierbei ruht eine Achse des Chassis auf einer starren Unterlage, während die andere auf einer im Mittelpunkt gelagerten Wippe steht. Sind nun die Kräfte, welche die Räder auf die Wippe ausüben, unterschiedlich groß, neigt sich diese logischerweise in eine Richtung und das „Ungleichgewicht" wird, wie bei einer Wasserwaage, mittels einer Libelle dargestellt. Der Vorteil dieses Systems sind die relativ niedrigen Anschaffungskosten und der geringe Platzbedarf beim Transport. Die Aufstellung und Handhabung hingegen erfordert etwas Erfahrung und Geduld.

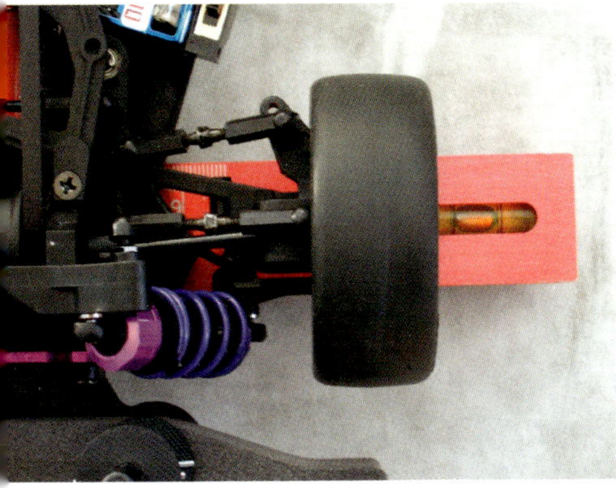

Der bewegliche Teil des Tweakboards gleicht einer Wasserwaage

Ebenfalls nach dem Wippenprinzip funktioniert die sehr hochwertige Tweak-Station der Firma Hudy. Weitaus professioneller aber scheint die Messmethode, die im „richtigen" Rennsport Anwendung findet. Hierbei wird jedes Rad auf eine in der Regel digitale Waage gestellt, womit sich die Auflagekraft der vier Räder und etwaige Unregelmäßigkeiten genau ermitteln lassen.

Inzwischen werden solche Mess-Systeme auch für RC-Cars angeboten. Allerdings hat dieser Luxus auch seinen Preis. Das hier vorgestellte Tweakboard ist ein Eigenbau, basierend auf einer Hudy-Setup-Platte und zwei kompakten

Vor der Messung muss das Chassis möglichst genau mittig positioniert werden. Auf ein paar Zehntel kommt es aber nicht an

Das hier vorgestellte digitale Tweakboard wurde mittels eines Hudy-Setup-Boards und zwei kleinen Digitalwaagen gefertigt. Durch den begrenzten Wiegebereich von 500 Gramm pro Waage eignet sich das Board ausschließlich für Modelle unter 1.900 Gramm, was für 1:10-Modelle – egal ob Elektro oder Verbrenner – in der Regel ausreichend ist

Digitalwaagen. Aus Kostengründen wurde auf zwei weitere Waagen verzichtet, sodass auch hier das Chassis in zwei Arbeitsschritten (Vorder- und Hinterachse) „gewogen" werden muss.

Sorgfalt

Ein korrektes Messergebnis erfordert auch eine gewisse Sorgfalt beim Messaufbau. Dabei spielt es keine Rolle, um welche Methode es sich handelt. Prinzipiell kann das Tweaken als letzte Etappe nach der Grundeinstellung oder Setup-Änderung eines Chassis bezeichnet werden. Dies setzt also voraus, dass alle relevanten Parameter wie Federhärte, Sturz, Spur, Radstand und Bodenfreiheit vor dem Tweaken überprüft und eingestellt wurden. Dass bei Elektromodellen der Fahrakku eingebaut sein muss, versteht sich von selbst, bei Verbrennermodellen empfiehlt es sich, den Tank zur Hälfte zu füllen und den Reifendurchmesser ebenfalls vorher festzulegen. Auch der Transponder (oder Dummy) sollte nicht fehlen. Sobald beide Waagen eingeschaltet sind und sich diese auf 0 Gramm kalibriert haben, kann das Chassis auf das Tweakboard gestellt werden. Mittels der Skalierung des Hudy-Boards sollten beide Achsen peinlichst genau mittig aufgesetzt werden. Ebenso ist darauf zu achten, dass die Räder zentriert auf der Waagefläche stehen. Bevor die Messwerte abgelesen werden ist es ratsam, das Fahrzeug zwei- oder dreimal etwa in der Mitte des Chassis leicht in die Federn zu drücken. Der nun ermittelte Wert kann als erste Referenz herangezogen werden.

Beispiel für die Auswirkung der Federvorspannung auf die Radlasten eines RC-Cars

1. Messung „ungetweakt"				2. Messung „getweakt"			
	Vorne	Hinten	Gesamt		Vorne	Hinten	Gesamt
Links	391 g	327 g	1.433 g	Links	340 g	378 g	1.434 g
Rechts	295 g	420 g		Rechts	345 g	371 g	
Links	4,5 mm	5,5 mm		Links	4,5 mm	6,5 mm	
Rechts	4,5 mm	5,5 mm		Rechts	5,1 mm	4,5 mm	

In dem hier dargestellten Beispiel ergibt sich ein beachtliches Ungleichgewicht zwischen dem rechten und linken Vorderrad. In diesem Fall liegt es weniger am krummen Chassis, sondern vielmehr an der speziellen Gewichtsverteilung durch den asymmetrisch angeordneten Fahrakku (auf einer Seite des Chassis). Grundsätzlich gilt aber, auf der Radseite, die den geringeren Druck auf den Boden ausübt (niedrigeres Gewicht auf der Waage), muss die Federvorspannung am Dämpfer erhöht werden oder umgekehrt an dem Rad mit der höheren Kraft die Vorspannung verringert werden. So könnte es beispielsweise sinnvoll sein, die Vorspannung auf der einen Seite einen halben Millimeter zu erhöhen und auf der anderen um den gleichen Wert zu reduzieren. Auch wenn die Differenz auf den ersten Blick sehr groß erscheint genügt oft eine geringe Änderung der Vorspannung, um das Gleichgewicht wieder herzustellen. Eine weitere Möglichkeit besteht darin, die zweite Achse in das Kalkül mit einzubeziehen. Hier gilt die eben erwähnte Regel, allerdings über Kreuz.

Drückt das vordere rechte Rad mit weniger Kraft auf den Boden als das linke Rad, muss die Federvorspannung des hinteren linken Dämpfers erhöht beziehungsweise die des rechten hinteren Dämpfer verringert werden.

Bei der Auswahl der Maßnahme sollte auf jeden Fall die Bodenfreiheit Berücksichtigung finden. In unserem Fall wurde die Vorspannung des hinteren linken Dämpfers um einen und die des vorderen rechten um 0,5 Millimeter erhöht. Egal, welche Maßnahme ausgeführt wird, es sollten das Messergebnis und die entsprechende Änderung auf jeden Fall notiert werden.

Das Tweakboard bietet aber auch die Möglichkeit, die Gewichtsverteilung zwischen Vorder- und Hinterachse zu bestimmen. Die Auswirkung einer Radstandsänderung oder Gewichtsplatzierung kann somit ebenfalls problemlos ermittelt werden.

Ob die Federvorspannung mittels einer Rändelmutter oder kleiner Kunststoffklipse erfolgt, spielt keine Rolle. Der Gewindedämpfer bietet aber eine feinfühligere Justierung. Im Handel werden auch Klipse mit Abstufungen von 0,5 Millimeter – zum Beispiel von Keil oder GM-Racing – angeboten

Das vordere rechte Rad übt deutlich weniger Kraft auf den Boden aus als das linke. Um diese Differenz auszugleichen, muss die Federvorspannung des vorderen rechten und/oder des hinteren linken Dämpfers erhöht werden

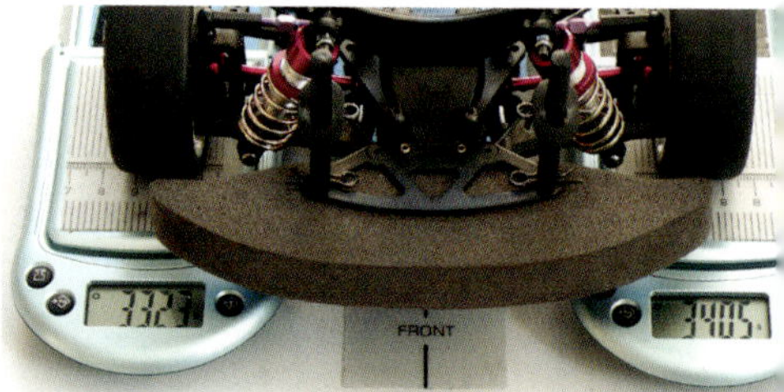

Hier wurde die Vorspannung hinten links um fast einen und vorne rechts um 0,5 Millimeter erhöht. Der verbleibende Unterschied von rund 8 Gramm ist vernachlässigbar. Eine Korrektur ab 15 oder 20 Gramm Unterschied ist völlig ausreichend

Nachdem die Vorderachse erfolgreich eingestellt wurde, sollte die Gegenprobe auf der Hinterachse erfolgen

Unterlagen

Der Übergang vom Offerten-Katalog zum Handbuch ist bei vielen RC-Car-Herstellern fließend, weshalb die Kataloge eine unverzichtbare Unterlage beispielsweise für Bauteilereferenzen sind

Zu jedem RC-Car gehört heute eine Bau- oder Betriebsanleitung und zumindest für die Wettbewerbsmodelle sind die so genannten Setup-Sheets verfügbar, in denen die Fahrwerkseinstellungen und noch manch anderer Parameter festgehalten werden können.

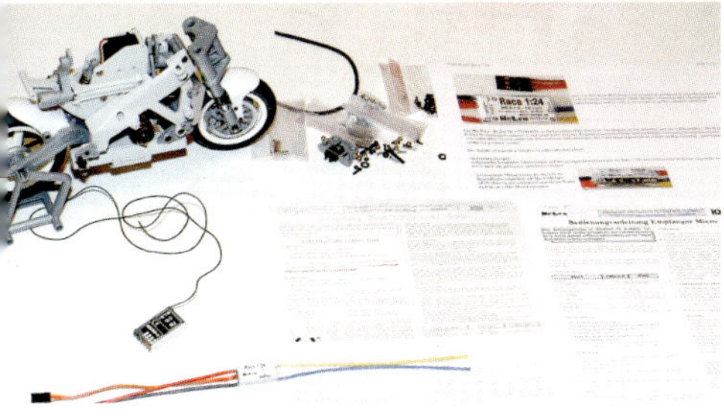

Kein Zusammenbau ohne die Hilfe der Anleitung, wie hier beim Einbau der Fernsteuerkomponenten in ein Kyosho-Motorrad-Modell

Nicht nur für den ersten Zusammenbau leisten diese Bauanleitungen gute Dienste, sondern sie erfüllen auch ihren Zweck bei Reparatur- und Wartungsarbeiten. Wer sich intensiv mit seinem Modell auseinandersetzt, der wird über die Zeit die eine oder andere technische Modifikation umsetzen, aber auch Tipps und Tricks aus Zeitschriften, dem Internet oder durch eigene Erfahrung zusammentragen. Wenn diese Informationen auch später noch griffbereit sein sollen, dann müssen sie entsprechend abgelegt werden. Viele Bauanleitungen bieten spezielle Seiten für individuelle Notizen. Auf diesen Seiten kann all das festgehalten werden, was bei der Inaugenscheinnahme des Chassis nicht so ohne Weiteres zu erkennen ist. Beispielsweise kann aufgezeichnet werden, welche Arten von Lager und Zahnrädern in den Differenzialen verbaut wurden oder mit welchem Öl und bis zu welchem Füllstand ein

Differenzial befüllt wurde. Es kann auch festgehalten werden, wann Teile erneuert oder ausgetauscht wurden. All dies hilft bei der Pflege des Modells und besonders dann, wenn ein Modell nach einer längeren Pause wieder in Betrieb genommen wird. Es lohnt sich also, einen kleinen Ordner anzulegen, der neben der Bauanleitung auch noch alle weiteren zum Modell zusammengetragenen Informationen enthält.

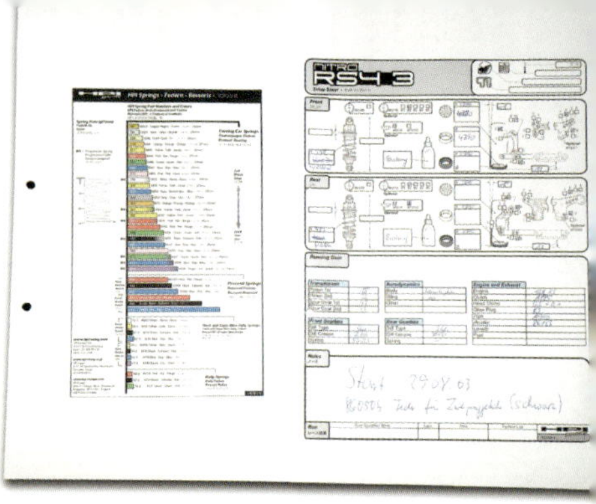

Setup-Sheet für einen HPI RS4 3 type-ss und eine recht sinnvolle Grafik für den Farbcode der HPI-Federn

Setup-Sheets

Die wichtigste Informationsplattform für ein RC-Car sind die Setup-Sheets. Hier können die Fahrwerks- und Motoreinstellungen sowie auch Merkmale zur Rennstrecke und den jeweiligen Einsatzbedingungen festgehalten werden. Im Laufe der Zeit sammeln sich erfahrungsgemäß eine Reihe von Setup-Sheets an. Sie dokumentieren in chronologischer Reihenfolge auch den Optimierungspfad des eigenen Modells. Diese Datensammlung wird meist noch mit Setup-Sheets von Wettbewerbsmodellen, wie sie beispielsweise im Internet auf den einschlägigen Seiten veröffentlicht sind, ergänzt. Gerade letztere Setup-Sheets bieten Anhaltspunkte, wenn für ein Modell ein erstes eigenes Setup gewählt werden muss. Auch wenn diese speziellen, meist auf ganz bestimmte Rennstrecken und Rennsituationen zugeschnittenen Setup-Sheets auf den ersten Blick nicht immer deckungsgleich sind, können sie für das eigene Setup dennoch gute Dienste leisten. Wird das Datenmaterial aus den Setup-Sheets einer genaueren Analyse unterzogen, dann lassen sich in der Regel entsprechende Trends herausfiltern. Beispielsweise ergab eine Auswertung der für den Kyosho Inferno MP-7.5 veröffentlichten Setup-Sheets eine Tendenz für einen negativen Sturz am Hinterrad bis etwa

Jedes Setup sollte sofort festgehalten werden

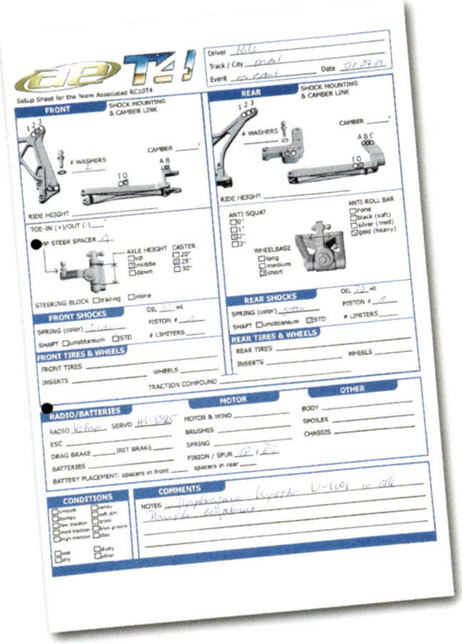

Die meisten Setup-Sheets sind nicht nur farbig ausgeführt, sie bieten auch bildlich-anschauliche Darstellungen für die einzelnen Einstellparameter

-2 Grad. Weiterhin fiel der Einsatz der blauen Federn im Zusammenhang mit einem Dämpferöl der Viskosität 350 bis 400 auf. Gerade beim Herausfinden der richtigen Kombination von Dämpferöl und Feder sind die Setup-Sheets der Wettbewerbsmodelle eine wertvolle Hilfe.

„As-built"

Es ist natürlich dem Engagement des Einzelnen überlassen, wie akribisch die Informationen für ein einzelnes Modell zusammengetragen und ausgewertet werden. Letztlich ist aber ein RC-Car auch nur so viel wert, wie die Dokumentation Auskunft über den Wartungs- und Teilezustand des Modells geben kann. Der Sachverhalt ist vergleichbar mit den so genannten „as-built"-Unterlagen für technische Aggregate in der Industrie, wo die Dokumentation Auskunft über die aktuell verbauten Teile und Komponenten sowie deren Spezifikation gibt. Insofern lohnt sich für RC-Cars auch das Führen einer Art Fahrtenbuch. Dort können dann für jeden Einsatz die Fahrleistung, die Einsatzbedingungen und die getesteten Setup-Varianten festgehalten werden. Interessant ist so ein Fahrtenbuch insbesondere für Verbrennermodelle. Dabei werden zum Beispiel die Laufleistung in Liter oder gefahrenen Tanks und die Kraftstoffart registriert. Zum einen gibt das einen Überblick über die Laufleistung des Motors, zum anderen wird gleichfalls die Laufleistung des Chassis festgehalten. Viele Bauteile der kleinen Renner unterliegen einer extremen Belastung. Die Dokumentation des technischen Betriebsverhaltens ist deshalb nahezu ein Erfordernis, wenn die Optimierung des Modells systematisch erfolgen soll.

(Roll-)Widerstand

Neue Kugellager sollten mit Hilfe von Bremsenreiniger von ihrer Fettpackung befreit werden. Dies geht am einfachsten, wenn zuvor die Abdeckungen entfernt wurden

Immer wieder ist davon zu hören, dass sich Fahrer über langsame oder schlecht beschleunigende Fahrzeuge beschweren. In diesem Zusammenhang wird auch oft über eine geringe Fahrzeit oder hohe Temperaturen von Akkus und/oder Motoren berichtet. Woran aber liegt das, wo doch der Motor ein „Wettbewerbstriebwerk" ist und die Akkus „Teamfahrer-Qualität" haben?

Der Grundstein für die spätere Leistungsfähigkeit eines RC-Cars wird bereits auf dem Bautisch gelegt. Direkt aus der Packung und ohne Modifikationen funktionieren zwar heutzutage die meisten Autos, allerdings werden diese wohl nie die Performance erreichen, die mit ein wenig Nacharbeit möglich wäre. Wichtig ist in diesem Zusammenhang vor allem der Zustand der Kugellager. Vom Werk aus sind diese in den allermeisten Fällen mit einer großen Menge Fett geschmiert, was zwar die Lebensdauer erhöhen mag, der Leichtgängigkeit aber keinesfalls zuträglich ist. Natürlich können diese Lager ohne weitere Behandlung verwendet werden – bei Verbrenner-Offroad-Modellen ist das vielleicht sogar besser – bei (Elektro-) Glattbahnmodellen hingegen ergibt es durchaus Sinn, die Lager mit Bremsenreiniger auszuwaschen. Nach dem Entfetten können die Dichtungen wieder montiert und die Lager mit dünnflüssigem Öl behandelt werden. Wer es 100-prozentig machen möchte, der kann die Dichtscheiben jeweils einer Seite entfernen und die offene Seite des Lagers in Richtung der geschlossenen Bereiche zum Beispiel der Radträger oder Getriebegehäuse platzieren. Wichtig ist nun nur noch das regelmäßige Ölen der Lager, damit sie nicht trockenlaufen.

Ein weiterer, wichtiger Punkt im Zusammenhang mit dem Rollwiderstand ist der Zustand der Riemen (sofern vorhanden) und vor allem auch die Riemenspannung. Einige Antriebsriemen sind sehr hart, was einem reibungsarmen Betrieb entgegensteht. Um diese Antriebsteile nicht langwierig einfahren zu müssen, empfiehlt es sich, diese mehrere Tage in 40WD oder ähnlichen Pflegeölen einzulegen. Das Ergebnis ist ein weicherer Riemen mit weniger Verlusten und nur geringfügig kürzerer Lebensdauer. Ein weiterer Vorteil des Einlegens ist, dass die Riemenräder nicht mehr so schnell verschmutzen.

Viele Fahrzeuge verfügen über die Möglichkeit, die Riemenspannung einzustellen. Hier sollte sehr gewissenhaft vorgegangen werden, um den Riemen weder zu locker noch zu fest zu spannen. Eine gute Basiseinstellung ist in den meisten Bauanleitungen vorhanden. Wer es perfekt machen möchte, der sollte zwischendurch immer

Das Zahnflankenspiel von Kardanantrieben wird mittels dünner Unterlegscheiben eingestellt. Ein zu geringes Spiel wirkt ähnlich wie eine zu starke Riemenspannung

mal wieder die Spannung überprüfen, da die Riemen dazu neigen sich zu längen. Der Riemen sollte sich, wenn er optimal gespannt ist, je nach Länge mindestens 5 Millimeter in beide Richtungen bewegen lassen. Ist dies nicht möglich, ist er definitiv zu stark gespannt. Springt der Riemen beim Beschleunigen jedoch über, muss er nachgespannt werden.

Ebenfalls nicht zu unterschätzen ist die Einstellung des Zahnflankenspiels von Kegel- und Tellerrad bei Kardanmodellen. In der Regel wird das Spiel mittels unterschiedlich dicker Unterlegscheiben auf dem (Differenzial-) Tellerrad justiert. Auch hier gibt die Bedienungsanleitung in der Regel eine gute Hilfestellung, wobei bei manchen Fahrzeugen auch hier eine individuelle Einstellung Vorteile bringt. Ein zu geringes Zahnflankenspiel wirkt sich nämlich vergleichbar einem zu stark gespannten Riemen aus. Der Antrieb läuft schwer und senkt dadurch Höchstgeschwindigkeit und Fahrzeit. Gut ist das Zahnflankenspiel dann eingestellt, wenn die Zähne sauber ineinander greifen, ohne zu hakeln. Es darf keine „Rastung“ beim Drehen des Antriebs spürbar sein. Ist sie jedoch zu spüren, sollten auf der dem Tellerrad gegenüber liegenden Differenzialseite dünne Unterlegscheiben angebracht werden, um den Abstand des Tellerrads zum Kegelrad zu vergrößern. Nur wenn über die gesamte Umdrehung des Tellerrads keine Rastung zu spüren und das Spiel trotzdem minimal eingestellt ist, ergibt sich ein Antriebsstrang, der maximale Effizienz und Lebensdauer bietet.

Wer diese kleinen Tipps beherzigt, wird deutlich mehr Leistung aus seinem RC-Car herausholen können und zudem den gesamten Antriebsstrang weniger belasten.

Entfernen von Abdichtungen

Das Entfernen von Kugellagerabdichtungen ist nicht so einfach, wie es sich im ersten Moment anhört. Bei Lagern mit Metall- oder Teflondichtungen gibt es kleine und sehr dünne Sprengringe, die die Dichtungen fixieren. Um diese zu entfernen, muss man sie mit einer Nadel oder der Spitze eines Skalpells vorsichtig aus ihrer Führungsrinne herausdrücken. Erst dann ist die Entnahme der Abdeckscheiben möglich. Zur Montage wird die Abdeckscheibe aufgelegt und der Sprengring wieder in die Rinne gedrückt. Dazu den Ring mit einem Ende in die Vertiefung einlegen, mit dem Finger fixieren und dann vorsichtig mit einem anderen Finger den Rest des Rings in die Führung drücken.

Lager mit Gummidichtungen sind einfacher in der Handhabung. Hier ist der Sprengring durch einen Teil der Gummiabdeckung ersetzt, die einfach nur aus der Führungsrinne herausgehebelt werden muss. Zum Einsetzen einfach die Abdeckung wieder auflegen und andrücken.

Die Antriebsriemen sollten exakt gespannt werden, da eine zu hohe Riemenspannung die Schwergängigkeit des Antriebs erhöht

X-Factor & Co.

Ob der Einsatz von Haftmittel in der jeweiligen Klasse erlaubt ist, darüber gibt das aktuelle Reglementheft des Deutschen Mini Car Clubs (DMC) Auskunft.

Haftmittel für Hohlkammer- und Moosgummireifen bieten viele Firmen an. Dabei ist es in der Regel egal, ob es sich um das X-Factor-Haftmittel von LRP, die TC-Serie von Corally oder das Haftmittel von GM-Racing handelt. Alle basieren auf einer öligen Chemikalie, die den Gummi der Reifen aufweicht und somit die Haftung auf Asphalt- und Teppichstrecken verbessert. Je nach Hersteller wird das Mittel etwa 20 Minuten vor dem Rennen direkt aus der Flasche mittels eines kleinen Schwämmchens aufgetragen oder mit einem Pinsel aufgebracht. Zuvor sollte der Reifen mittels Bremsen- oder optional erhältlichem Reifenreiniger von Schmutz, Staub oder auch Teppichfusseln befreit werden. Je nach Reifen- und Streckenbeschaffenheit kann es auch von Vorteil sein, den Reifen nur mit dem Haftmittel zu behandeln, damit er nicht zu weich wird.

Nachdem das Haftmittel in den Reifen eingezogen ist, wird der verbleibende Rest mit einem Lappen abgewischt oder wahlweise in den Reifen einmassiert. Um eine optimale Haftung zu erzielen ist es von Vorteil, zuvor eine halbe bis eine Runde zu fahren, um den letzten Rest überflüssigen Haftmittels von der Oberfläche zu entfernen. Moosgummireifen können zusätzlich auch mit einer Schicht Sonnenmilch behandelt werden. Von dieser aus den USA stammenden Methode versprechen sich viele Fahrer eine konstantere und länger anhaltende Haftung. Außerdem soll der Einsatz von Sonnenmilch verhindern, dass sich zu viel Schmutz in den Poren

des Gummis ansammelt. Verbrennerfahrer können übrigens auf den Einsatz von Haftmitteln verzichten. Das Gemisch aus Verbrennungsrückständen und dem Abrieb der Reifen stellt ein gutes „natürliches“ Haftmittel dar. Allerdings müssen die Reifen zuvor einige Runden lang angefahren werden, bis sie den optimalen Griff aufbauen.

Wie schon erwähnt, sind die Haftmittel nicht in allen Klassen zugelassen. Vor allem Offroad-Fahrer dürfen nicht auf die chemischen Haftverstärker zurückgreifen, was allerdings auch kein Problem darstellt, da es angesichts des Fahrbahnuntergrunds ohnehin nicht zu einer Verbesserung führen würde. Ihnen bleibt nur das Reinigen mit Wasser.

Moosgummireifen können zusätzlich mit einer Schicht Sonnenmilch versehen werden

Das Reifenhaftmittel wird vor dem Fahren auf den Reifen aufgebracht und nach kurzer Einwirkzeit mit einem Lappen abgewischt

Zahnrad

Zur Änderung der Gesamtuntersetzung benötigt man eine Auswahl an unterschiedlichen Motorritzeln und Kupplungsglocken beziehungsweise entsprechenden Zahnrädern

Auch wenn ein RC-Car-Chassis über einen Riemenantrieb verfügt, kommen mindestens zwei Zahnräder zum Einsatz: Das Motorritzel und das Hauptzahnrad. Die Kombination von Ritzel und Zahnrad wird Primäruntersetzung genannt. Dabei ist es egal, ob es sich um Motorritzel und Hauptzahnrad an einem Elektromodell oder die Kupplungsglocke (Ritzel) und beispielsweise das Differnzialzahnrad eines Verbrennerfahrzeugs handelt.

Neben der Primäruntersetzung verfügen die meisten RC-Cars auch über eine Sekundärübersetzung. Diese wird durch den Antriebsstrang gebildet und ist das Verhältnis von Kegelrad- zu Tellerradgröße (an kardangetriebenen Fahrzeugen) beziehungsweise von Riemenrad- zu Differenzialzahnradgröße (bei riemengetriebenen Fahrzeugen). Einzig typische Glattbahner wie Pro10-Fahrzeuge beziehungsweise 1:12er besitzen nur eine Primäruntersetzung, da die Zahnräder direkt auf die Hinterachse und somit auf die Reifen wirken.

Gesamtuntersetzung

Werden Primär- und Sekundäruntersetzung zusammengezählt, ergibt dies die Gesamtuntersetzung des Fahrzeugs. Ein Rechenbeispiel: Ein Motorritzel mit 20 Zähnen wirkt auf ein Hauptzahnrad mit 80 Zähnen. Daraus ergibt sich ein Untersetzungsverhältnis von 4:1. Der Primärantrieb weist ein Riemenrad mit 18 Zähnen auf, das seine Kraft an ein Differenzialzahnrad mit 36 Zähnen weiterleitet. Die daraus resultierende Untersetzung beträgt 2:1. Der gesamte Antriebsstrang verfügt somit über eine Untersetzung von 8:1 (4 x 2).

Wie aber ist diese Angabe zu nutzen? In der Praxis hat die vom Antriebsmotor bereitgestellte maximale Lastdrehzahl einen großen Einfluss auf die zu wählende Gesamtuntersetzung. Dabei kann allgemein gesagt werden, dass Motoren mit (relativ) niedrigem Drehzahlniveau länger (also größer) untersetzt werden als Triebwerke mit (relativ) hohem Drehzahlniveau. Ebenso werden Glattbahnmodelle in der Regel länger untersetzt als Offroader oder gar Monstertrucks. Dieses hängt zum einen mit dem (größeren) Reifendurchmesser der Geländefahrzeuge zusammen, hat seinen Ursprung aber auch darin, dass die Glattbahner vor allem auf Endgeschwindigkeit, die Offroader jedoch auf Beschleunigungsfähigkeit ausgelegt sind.

Allgemein ist festzuhalten, dass eine kurze Untersetzung für eine bessere Beschleunigung, aber eine geringere Höchstgeschwindigkeit sorgt. Im Gegenzug wirkt sich eine längere Untersetzung in einer höheren Endgeschwindigkeit aus, verbunden mit einer etwas schlechteren Beschleunigung. Beides zusammen, also eine gute Beschleunigung mit hoher Endgeschwindigkeit, ist nur mit einem Mehrgang-Getriebe zu erreichen. Diese Fahrzeuge verfügen dann auch über mindestens zwei Gesamtuntersetzungen. Eine für den ersten Gang (zum Beispiel 8:1) und eine für den zweiten Gang (zum Beispiel 6:1). Die Errechnung der Untersetzung folgt aber den gleichen Mustern wie die an einem Eingang-Getriebe. Allerdings ist die Berechnung etwas zeitintensiver, da zumindest die VG10-Scale- beziehungsweise die VG8-Fahrzeuge über einen Dreiriemen-Antrieb mit entsprechend vielen Riemenrädern verfügen.

Die oftmals aufwändigen Getriebeboxen der Monstertrucks können bei der Berechnung der Gesamtuntersetzung allerdings außen vor gelassen werden. Es zählen (wie bei allen Fahrzeugen) nur die Primär- und die Sekundäruntersetzung. Im Falle zahnradreicher Getriebeboxen wird zur Berechnung nur die direkt auf die Differenziale wirkende Untersetzung (also die Paarung Riemenrad/Differenzialrad beziehungsweise Kegelrad/Tellerrad) herangezogen.

Praxis

Nach so viel Theorie nun die Praxis. Hier hängt die letztendlich zu verwendende Untersetzung auch sehr stark von den verwendeten Motoren und speziell von deren Leistungsfähigkeit ab. Elektromotoren mit hohen Wicklungs- und geringen Drehzahlen entwickeln ein relativ hohes Drehmoment schon bei niedrigen Drehzahlen. Somit können diese länger untersetzt werden als Motoren mit weniger Windungen und höheren Drehzahlen, die über ein geringeres Drehmoment verfügen. Ähnlich verhält es sich mit Verbrennungsmotoren, bei denen jedoch die Untersetzungswahl aufgrund des höheren Drehmoments eher durch die Lastdrehzahlen bestimmt wird. Hier ist es so, dass Motoren mit geringem

Bei heckgetriebenen Glattbahnmodellen wirkt die Motorkraft direkt auf das Hauptzahnrad und weiter auf die Hinterachse

Hubraum – also zum Beispiel .12er- oder .15er-Triebwerke – eine kürzere Untersetzung benötigen als .21er- oder gar Big-Block-Motoren.

Die optimale Untersetzung ist in der Regel nur durch Erfahren zu finden. Die meisten Bau- und Bedienungsanleitungen geben allerdings Hilfestellungen, indem Tipps für die Wahl der richtigen Motorritzel/Hauptzahnrad-Kombination gegeben werden. Auch bei Nitro-Modellen ist eine grobe Richtung durch eventuell beiliegende Kupplungsglocken gegeben. Als erste Faustregel bei der Ermittlung der richtigen Untersetzung gilt, dass der Motor ungefähr auf der Mitte der längsten Gerade ausgedreht haben sollte. Bei Strecken mit vielen engen Passagen ist das Fahrzeug dann aber lieber etwas kürzer (sprich mit einem kleineren Ritzel) zu untersetzen, um eine bessere Beschleunigung auf den kurzen Teilstücken des Parcours zu erreichen.

Alles in allem ist das Thema „Untersetzung" sehr komplex, sodass hier viel Optimierungspotenzial besteht. Nehmen Sie sich also ein wenig Zeit dafür, denn die gesteigerten Fahrleistungen und vor allem auch eine höhere Lebensdauer von Motoren und Akkus sind ein guter Lohn.

Rollout

Die Berechnung des so genannten Rollouts ergibt vor allem für Glattbahnmodelle Sinn. Es gibt Auskunft über die nach einer Motorumdrehung zurückgelegte Distanz in Millimeter. Dieser Wert ändert sich je nach Gesamtuntersetzung oder Reifendurchmesser. Gerade Glattbahner reagieren recht empfindlich auf die Änderung des Rollouts. Außerdem verändert sich der Reifendurchmesser über ein längeres Finale bei Moosgummireifen viel stärker als bei Gummireifen, was bei der Untersetzungswahl zu beachten ist.

Insider Guide

Berechnung des Rollouts

Reifendurchmesser (in Millimeter) x ϖ / Gesamtuntersetzung = Rollout in Millimeter

Die Primäruntersetzung eines Elektrofahrzeugs setzt sich aus dem Größenverhältnis von Motorritzel zu Hauptzahnrad zusammen. Die Sekundäruntersetzung ergibt sich aus dem Verhältnis von Riemenrad zu Differenzialrad

Zusammenfassung

Die Abstimmung eines RC-Cars, ganz gleich ob On- oder Offroader, Elektro- oder Verbrennermodell, ist eine sehr komplexe Angelegenheit, die mitunter viel Zeit in Anspruch nimmt, gerade für Wettbewerbsfahrer aber dringend notwendig ist, um die letzten Reserven aus dem Auto zu kitzeln. Doch auch „Parkplatz"- oder Gelegenheitsfahrer profitieren von einem gut abgestimmten Fahrzeug, da das Fahren mit einer „eiernden Gurke" keinen Spaß macht. Außerdem lernt man sein Fahrzeug durch die Arbeiten an der Abstimmung (noch) besser kennen und kann im Reparaturfall selber Hand anlegen.

Hilfe

Mit Hilfe der Setup-Tabelle auf den nachfolgenden Seiten wollen wir eine Hilfestellung bei der Abstimmung von RC-Cars geben. Getrennt für jede Achse beziehungsweise das gesamte Chassis sind die Auswirkungen der wichtigsten Abstimmungsänderungen mit kurzen Erklärungen aufgeführt. Wer mag, kann die Seiten auch ausschneiden oder kopieren und zum „Immer-dabei-haben" zu seinen RC-Car-Utensilien legen. So können Setup-Änderungen auch schnell mal an der Piste ausgeführt werden.

Abschluss

Eines muss zum Abschluss aber noch gesagt werden. Es kann immer mal wieder vorkommen, dass ein RC-Car nicht so wie in der Tabelle beziehungsweise im setup workbook beschrieben reagiert. Dies kann vielfältige Gründe haben. Zum einen reagiert nicht jedes Chassis in der gleichen Art und Weise auf die Änderungen, auf der anderen Seite kann eine vorhandene Abstimmung so verkehrt sein, dass auch gegenteilige Änderungen einen positiven Effekt haben. Beispiel: In der Regel bieten weichere Federn mehr Haftung. Ist jedoch eine Feder viel zu weich, kann die Haftung durch übertriebene Seitenneigung abreißen und das Fahrzeug unkontrollierbar machen. Werden nun härtere Federn montiert, wird die Haftung (eigentlich gegen die Regel) verbessert.

In jedem Fall hilft aber auch das eigenständige Dokumentieren der Setup-Änderungen und deren Auswirkungen. Viele RC-Car-Hersteller bieten auf ihren Internetseiten so genannte Blanko-Setup-Bögen an, die ausgedruckt und selbst ausgefüllt werden können. Auf diese Weise kann man sich ein kleines Archiv anlegen, auf das bei Bedarf zurückgegriffen werden kann. Auch das Führen eines kleinen „Fahrtenbuches" kann die Setup-Arbeit erleichtern. In dieses Buch sollten alle Änderungen mit ihren Auswirkungen eingetragen werden. Sollte dann einmal das Fahrverhalten nicht den Anforderungen entsprechen, kann man schnell und einfach nach einer passenden Lösung suchen.

Ein optimal abgestimmtes RC-Car bringt maximalen Fahrspaß

Setup-Tabelle

Thema	Achse	Wert	Auswirkung	Bemerkung
Aufhängungspunkte	vorne	+	weniger Seitenneigung	Verlängern beziehungsweise flachere Montage bedingt weniger Haftung
		–	mehr Seitenneigung	Verkürzen beziehungsweise steilere Montage bedingt mehr Haftung
	hinten	+	weniger Seitenneigung	Verlängern beziehungsweise flachere Montage bedingt weniger Haftung
		–	mehr Seitenneigung	Verkürzen beziehungsweise steilere Montage bedingt mehr Haftung
Bodenfreiheit	vorne	+	mehr Haftung	Mehr Bodenfreiheit erhöht die Haftung
		–	weniger Haftung	Weniger Bodenfreiheit verringert die Kippneigung
	hinten	+	mehr Haftung	Mehr Bodenfreiheit erhöht die Haftung
		–	weniger Haftung	Weniger Bodenfreiheit verringert die Seitenneigung
Chassishärte		+	etwas mehr Haftung	Ein weicheres Chassis ergibt ein einfacheres Fahrverhalten
		–	etwas weniger Haftung	Ein härteres Chassis erhöht die Präzison des Chassis
Differenziale	vorne	+	etwas weniger Lenkung	Ein härtes Diff verbessert die Traktion an der VA und stabilisiert beim Bremsen
		–	etwas mehr Lenkung	Ein weicheres Diff verbessert Einlenken und Kurzenwilligkeit
	hinten	+	etwas mehr Untersteuern	Ein härteres Diff verbessert die Traktion der Hinterachse
		–	etwas weniger Untersteuern	Ein weicheres Diff verbessert das Einlenken in Kurven
Ein - und Ausfederwege	vorne	+	etwas mehr Chassisneigung	Mehr Ausfederweg kann die Haftung der Vorderachse verbessern
		–	etwas weniger Chassisneigung	Weniger Ausfederweg verringert die Seitenneigung und verbessert Kurvenspeed
	hinten	+	etwas mehr Chassisneigung	Mehr Ausfederweg verbessert die Haftung der Hinterachse
		–	etwas weniger Chassisneigung	Weniger Ausfederweg verringert die Seitenneigung und verbessert Kurvenspeed

Thema	Achse	Wert	Auswirkung	Bemerkung
Federn	vorne	+	etwas weniger Chassisneigung	Härtere Federn an der Vorderachse verringern die Haftung beim Einlenken
		–	etwas mehr Chassisneigung	Weichere Federn erhöhen in der Regel die Haftung beim Einlenken
	hinten	+	etwas weniger Chassisneigung	Je nach Abtimmung können härtere Federn die Haftung verbessern
		–	etwas mehr Chassisneigung	Je nach Abstimmung können weichere Federn die Traktion verbessern
Getriebeabstimmung		+	höhere Endgeschwindigkeit	Größere Motorritzel oder kleinere Hauptzahnräder erhöhen den Topspeed
		–	bessere Beschleunigung	Kleinere Motorritzel oder größere Hauptzahnräder verbessern die Beschleunigung
Kupplungs(-backen/-federn)		–/+	späteres Einkuppeln	Späteres Einkuppeln (bei höheren Drehzahlen) ergibt eine stärkere Beschleunigung
		+/–	früheres Einkuppeln	Früheres Einkuppeln ergibt eine etwas schwächere Beschleunigung
Lastwechsel	vorne	+	etwas mehr Haftung	Stärkere Lastwechselreaktionen (Eintauchen) an der VA erhöhen die Haftung
		–	etwas weniger Haftung	Schwächere Lastwechselreaktionen an der Vorderachse verringern die Haftung
	hinten	+	etwas weniger Haftung	Stärkere Lastwechselreaktionen (Seitenneigung) an der HA verringern die Haftung
		–	etwas mehr Haftung	Schwächere Lastwechselreaktionen an der Hinterachse erhöhen die Haftung
Massenschwerpunkt	vorne	+	etwas mehr Haftung	Liegt der Schwerpunkt weiter vorne, erhöht dies die Haftung der Vorderachse
		–	etwas weniger Haftung	Liegt der Schwerpunkt weiter hinten, erhöht dies die Haftung der Hinterachse
	hinten	+	etwas mehr Haftung	Liegt der Schwerpunkt weiter hinten, erhöht dies die Haftung der Hinterachse
		–	etwas weniger Haftung	Liegt der Schwerpunkt weiter vorne, erhöht dies die Haftung der Vorderachse
Nachlaufwinkel	vorne	+	etwas weniger Haftung	Ein größerer Winkel bedingt sanfteres Einlenken und mehr Haftung am Kurvenausgang
		–	etwas mehr Haftung	Ein kleinerer Winkel bedingt besseres Einlenken und weniger Haftung am Kurvenausgang
Öl	vorne	+	etwas weniger Haftung	Härteres Öl an der VA bewirkt ein sanfteres Einlenken in Kurven

Thema	Achse	Wert	Auswirkung	Bemerkung
		–	etwas mehr Haftung	Weicheres Öl an der VA bewirkt ein agileres Einlenken in Kurven
	hinten	+	etwas mehr Haftung	Härteres Öl an der HA verbessert die Haftung bei schnellen Lastwechseln
		–	etwas weniger Haftung	Weicheres Öl an der HA verbessert die Haftung aus engen Kurven
Rollzentrum	vorne	+	etwas weniger Lenkung	Ein höheres Rollzentrum an der VA verringert die Kippneigung
		–	etwas mehr Lenkung	Fahrzeugreaktionen etwas verlangsamt
	hinten	+	etwas weniger Lenkung	Schnellere Fahrzeugreaktion
		–	etwas mehr Haftung	Verbessert Traktion, gut bei rutschigen Strecken
Sturz	vorne	+	etwas mehr Haftung	Mehr Sturz verbessert die Haftung beim Einlenken
		–	etwas weniger Haftung	Weniger Sturz verringert die Haftung beim Einlenken
	hinten	+	etwas mehr Haftung	Mehr Sturz verbessert die Haftung am Kurvenausgang
		–	etwas weniger Haftung	Weniger Sturz verringert die Haftung am Kurvenausgang
Vorspur	vorne	+	weniger Lenkung	Weniger Lenkung am Kurveneingang, mehr am Kurvenausgang
		–	mehr Lenkung	Mehr Lenkung am Kurveneingang, verringert Untersteuerneigung
	hinten	+	mehr Haftung	Größerer Grenzbereich der Hinterachse, stabiler beim Bremsen
		–	weniger Haftung	Kleinerer Grenzbereich, mehr Topspeed
X-Factor & Co.	vorne	+	mehr Haftung	Über die gesamte Breite plus Reifenflanke erhöhen sich Haftung und Seitenhalt
		–	weniger Haftung	Wird nur die Innenseite geschmiert, ergibt sich ein Übersteuern in langsamen Kurven
	hinten	+	mehr Haftung	Über die gesamte Breite plus Reifenflanke erhöhen sich Haftung und Seitenhalt
		–	weniger Haftung	An der Hinterachse ist nur vollflächiges Schmieren sinnvoll

Legende: + = mehr/härter/höher/schwerer/länger, – = weniger/weicher/tiefer/leichter/kürzer

Stichwortverzeichnis

A

B

C

D

S

T

U

V

W

Z

IMPRESSUM

setup workbook

3. Auflage

wellhausen & marquardt
Mediengesellschaft

Verlag
Wellhausen & Marquardt
Mediengesellschaft bR
Hans-Henny-Jahnn-Weg 51
22085 Hamburg
Telefon: 040 / 42 91 77-0
Telefax: 040 / 42 91 77-199
post@wm-medien.de
www.wm-medien.de

Herausgeber
Tom Wellhausen, Sebastian Marquardt

Leitung Redaktion/Grafik
Christoph Bremer
redaktion@cars-and-details.de

Autoren, Fotografen & Zeichner
Thomas Bauer, Patrick Garbi,
Christian Hanisch, Robert Baumgarten

Grafik
Martina Gnaß, Tim Herzberg
grafik@wm-medien.de

Anzeigen
Sven Reinke (Leitg.)
anzeigen@wm-medien.de

Druck
Grafisches Centrum Cuno
Gewerbering West 27
39240 Calbe
Telefon: 03 92 91 / 428-0
Telefax: 03 92 91 / 428-28

Gedruckt auf chlorfrei
gebleichtem Papier.
Prrinted in Germany

Bezug
Das **setup workbook** erhalten Sie
direkt beim Verlag.
service@cars-and-details.de
www.alles-rund-ums-hobby.de
www.setup-workbook.de